사고력도 탄탄! 창의력도 탄탄!
수학 일등의 지름길 「기탄사고력수학」

♛ 단계별·능력별 프로그램식 학습지입니다

유아부터 초등학교 6학년까지 각 단계별로 4~6권씩 총 52권으로 구성되었으며, 처음 시작할 때 나이와 학년에 관계없이 능력별 수준에 맞추어 학습하는 프로그램식 학습지입니다.

♛ 사고력·창의력을 키워 주는 수학 학습지입니다

다양한 사고 단계를 거쳐 문제 해결력을 높여 주며, 개념과 원리를 이해하도록 하여 수학적 사고력을 키워 줍니다. 또 수학적 사고를 바탕으로 스스로 생각하고 깨닫는 창의력을 키워 줍니다.

♛ 유아 과정은 물론 초등학교 수학의 전 영역을 골고루 학습합니다

운필력, 공간 지각력, 수 개념 등 유아 과정부터 시작하여, 초등학교 과정인 수와 연산, 도형 등 수학의 전 영역을 골고루 다루어, 자녀들의 수학적 사고의 폭을 넓히는 데 큰 도움을 줍니다.

♛ 학습 지도 가이드와 다양한 학습 성취도 평가 자료를 수록했습니다

매주, 매달, 매 단계마다 학습 목표에 따른 지도 내용과 지도 요점, 완벽한 해설을 제공하여 학부모님께서 쉽게 지도하실 수 있습니다. 창의력 문제와 수학 경시 대회 예상 문제를 단계별로 수록, 수학 실력을 완성시켜 줍니다.

♛ 과학적 학습 분량으로 공부하는 습관이 몸에 배입니다

하루 10~20분 정도의 과학적 학습량으로 공부에 싫증을 느끼지 않게 하고, 학습에 자신감을 가지도록 하였습니다. 매일 일정 시간 꾸준하게 공부하도록 하면, 시키지 않아도 공부하는 습관이 몸에 배게 됩니다.

「기탄사고력수학」은
체계적이고 장기적인 프로그램으로
꾸준히 학습하면 반드시 성적으로 보답합니다

✿ 스몰 스텝(Small Step)방식으로 꾸준히 학습하면 성적이 올라갑니다

「기탄사고력수학」은 단순히 문제만 나열한 문제집이 아닙니다. 체계적이고 장기적인 학습프로그램을 통해 수학적 사고력과 창의력을 완성시켜 주는 스몰 스텝(Small Step)방식으로 꾸준히 학습하면 반드시 성적이 올라갑니다.

✿ 하루 3장, 10~20분씩 규칙적으로 학습하게 하세요

매일 일정 시간에 일정한 학습량을 꾸준히 재미있게 해야만 학습효과를 높일 수 있습니다. 주별로 분철하기 쉽게 제본되어 있으니, 교재를 구입하시면 먼저 분철하여 일주일 학습 분량만 자녀들에게 나누어 주세요. 그래야만 아이들이 학습 성취감과 자신감을 가질 수 있습니다.

✿ 자녀들의 수준에 알맞은 교재를 선택하세요

〈기탄사고력수학〉은 유아에서 초등학교 6학년까지, 나이와 학년에 관계없이 학습 난이도별로 자신의 능력에 맞는 단계를 선택하여 시작하는 능력별 교재입니다. 그러나 자녀의 수준보다 1~2단계 낮춘 교재부터 시작하면 학습에 더욱 자신감을 갖게 되어 효과적입니다.

교재 구분	교재 구성	대 상
A단계 교재	1, 2, 3, 4집	4세 ~ 5세 아동
B단계 교재	1, 2, 3, 4집	5세 ~ 6세 아동
C단계 교재	1, 2, 3, 4집	6세 ~ 7세 아동
D단계 교재	1, 2, 3, 4집	7세 ~ 초등학교 1학년
E단계 교재	1, 2, 3, 4, 5, 6집	초등학교 1학년
F단계 교재	1, 2, 3, 4, 5, 6집	초등학교 2학년
G단계 교재	1, 2, 3, 4, 5, 6집	초등학교 3학년
H단계 교재	1, 2, 3, 4, 5, 6집	초등학교 4학년
I 단계 교재	1, 2, 3, 4, 5, 6집	초등학교 5학년
J단계 교재	1, 2, 3, 4, 5, 6집	초등학교 6학년

「기탄사고력수학」으로
수학 성적 올리는 일등비법을 공개합니다

※ 문제를 먼저 풀어 주지 마세요

기탄사고력수학은 직관(전체 감지)을 논리(이론과 구체 연결)로 발전시켜 답을 구하도록 구성되었습니다. 쉽게 문제를 풀지 못하더라도 노력하는 과정에서 더 많은 것을 얻을 수 있으니, 약간의 힌트 외에는 자녀가 스스로 끝까지 문제를 풀어 나갈 수 있도록 격려해 주세요.

※ 교재는 이렇게 활용하세요

먼저 자녀들의 능력에 맞는 교재를 선택하세요. 그리고 일주일 분량씩 분철하여 매일 3장씩 풀 수 있도록 해 주세요. 한꺼번에 많은 양의 교재를 주시면 어린이가 부담을 느껴서 학습을 미루거나 포기하기 쉽습니다. 적당한 양을 매일매일 학습하도록 하여 수학 공부하는 재미를 느낄 수 있도록 해 주세요.

※ 교재 학습 과정을 꼭 지켜 주세요

한 주 학습이 끝날 때마다 창의력 문제와 경시 대회 예상 문제를 꼭 풀고 넘어가도록 해 주시고, 한 권(한 달 과정)이 끝나면 성취도 테스트와 종료 테스트를 통해 스스로 실력을 가늠해 볼 수 있도록 도와 주세요. 문제를 다 풀면 반드시 해답지를 이용하여 정확하게 채점해 주시고, 틀린 문제를 체크해 놓았다가 다음에는 확실히 풀 수 있도록 지도해 주세요.

※ 자녀의 학습 관리를 게을리 하지 마세요

수학적 사고는 하루 아침에 생겨나는 것이 아닙니다. 날마다 꾸준히 규칙적으로 학습해 나갈 때에만 비로소 수학적 사고의 기틀이 마련되는 것입니다. 교육은 사랑입니다. 자녀가 학습한 부분을 어머니께서 꼭 확인하시면서 사랑으로 돌봐 주세요. 부모님의 관심 속에서 자란 아이들만이 성적 향상은 물론 이 사회에서 꼭 필요한 인격체로 성장해 나갈 수 있다는 것도 잊지 마세요.

기탄사고력수학 교재별 학습 내용

A 단계 교재

A - ❶ 교재	A - ❷ 교재
나와 가족에 대하여 알기 바른 행동 알기 다양한 선 그리기 다양한 사물 색칠하기 ○△□ 알기 똑같은 것 찾기 빠진 것 찾기 종류가 같은 것과 다른 것 찾기 관찰력, 논리력, 사고력 키우기	필요한 물건 찾기 관계 있는 것 찾기 다양한 기준에 따라 분류하기 (종류, 용도, 모양, 색깔, 재질, 계절, 성질 등) 두 가지 기준에 따라 분류하기 다섯까지 세기 변별력 키우기 미로 통과하기
A - ❸ 교재	**A - ❹ 교재**
다양한 기준으로 비교하기 (길이, 높이, 양, 무게, 크기, 두께, 넓이, 속도, 깊이 등) 시간의 순서 비교하기 반대 개념 알기 3까지의 숫자 배우기 그림 퍼즐 맞추기 미로 통과하기	최상급 개념 알기 다양한 기준으로 순서 짓기 (크기, 시간, 길이, 두께 등) 네 가지 이상 비교하기 이중 서열 알기 ABAB, ABCABC의 규칙성 알기 다양한 규칙 이해하기 부분과 전체 알기 5까지의 숫자 배우기 일대일 대응, 일대다 대응 알기 미로 통과하기

B 단계 교재

B - ❶ 교재	B - ❷ 교재
열까지 세기 9까지의 숫자 배우기 사물의 기본 모양 알기 모양 구성하기 모양 나누기와 합치기 같은 모양, 짝이 되는 모양 찾기 위치 개념 알기 (위, 아래, 앞, 뒤) 위치 파악하기	9까지의 수량, 수 단어, 숫자 연결하기 구체물을 이용한 수 익히기 반구체물을 이용한 수 익히기 위치 개념 알기 (안, 밖, 왼쪽, 가운데, 오른쪽) 다양한 위치 개념 알기 시간 개념 알기 (낮, 밤) 구체물을 이용한 수와 양의 개념 알기 (같다, 많다, 적다)
B - ❸ 교재	**B - ❹ 교재**
순서대로 숫자 쓰기 거꾸로 숫자 쓰기 1 큰 수와 2 큰 수 알기 1 작은 수와 2 작은 수 알기 반구체물을 이용한 수와 양의 개념 알기 보존 개념 익히기 여러 가지 단위 배우기	순서수 알기 사물의 입체 모양 알기 입체 모양 나누기 두 수의 크기 비교하기 여러 수의 크기 비교하기 0의 개념 알기 0부터 9까지의 수 익히기

C

단계 교재

C – ❶ 교재	C – ❷ 교재
구체물을 통한 수 가르기 반구체물을 통한 수 가르기 숫자를 도입한 수 가르기 구체물을 통한 수 모으기 반구체물을 통한 수 모으기 숫자를 도입한 수 모으기	수 가르기와 모으기 여러 가지 방법으로 수 가르기 수 모으고 다시 수 가르기 수 가르고 다시 수 모으기 더해 보기 세로로 더해 보기 빼 보기 세로로 빼 보기 더해 보기와 빼 보기 바꾸어서 셈하기
C – ❸ 교재	**C – ❹ 교재**
길이 측정하기　높이 측정하기 넓이 측정하기　크기 측정하기 둘레 측정하기　무게 측정하기 부피 측정하기　들이 측정하기 활동 시간 알아보기　시간의 순서 알아보기 여러 가지 측정하기	열 개 열 개 만들어 보기 열 개 묶어 보기 자리 알아보기 수 '10' 알아보기 10의 크기 알아보기 더하여 10이 되는 수 알아보기 열다섯까지 세어 보기 스물까지 세어 보기

D

단계 교재

D – ❶ 교재	D – ❷ 교재
수 11~20 읽기 11~20까지의 수 알기 30까지의 수 알아보기 자릿값을 이용하여 30까지의 수 나타내기 40까지의 수 알아보기 자릿값을 이용하여 40까지의 수 나타내기 자릿값을 이용하여 50까지의 수 나타내기 50까지의 수 알아보기	상자 모양, 공 모양, 둥근기둥 모양 알아보기 공간 위치 알아보기 입체도형으로 모양 만들기 여러 방향에서 본 모습 관찰하기 평면도형 알아보기 선대칭 모양 알아보기 모양 만들기와 탱그램
D – ❸ 교재	**D – ❹ 교재**
덧셈 이해하기 10이 되는 더하기 여러 가지로 더해 보기 덧셈 익히기 뺄셈 이해하기 10에서 빼기 여러 가지로 빼 보기 뺄셈 익히기	조사하여 기록하기 그래프의 이해 그래프의 활용 분수의 이해 시간 느끼기 사건의 순서 알기 소요 시간 알아보기 달력 보기 시계 보기 활동한 시간 알기

E - ❶ 교재	E - ❷ 교재	E - ❸ 교재
사물의 개수를 세어 보고 1, 2, 3, 4, 5 알아보기 0의 개념과 0~5까지의 수의 순서 알기 하나 더 많다, 적다의 개념 알기 두 수의 크기 비교하기 사물의 개수를 세어 보고 6, 7, 8, 9 알아보기 0~9까지의 수의 순서 알기 하나 더 많다, 적다의 개념 알기 두 수의 크기 비교하기 여러 가지 모양 알아보기, 찾아보기, 만들어 보기 규칙 찾기	두 수로 가르기 두 수를 모으기 가르기와 모으기 덧셈식 알아보기 뺄셈식 알아보기 길이 비교해 보기 높이 비교해 보기 들이 비교해 보기 무게 비교해 보기 넓이 비교해 보기	수 10(십) 알아보기 19까지의 수 알아보기 몇십과 몇십 몇 알아보기 물건의 수 세기 50까지 수의 순서 알아보기 두 수의 크기 비교하기 분류하기 분류하여 세어 보기
E - ❹ 교재	**E - ❺ 교재**	**E - ❻ 교재**
수 60, 70, 80, 90 99까지의 수 수의 순서 두 수의 크기 비교 여러 가지 모양 알아보기, 찾아보기 여러 가지 모양 만들기, 그리기 규칙 찾기 10을 두 수로 가르기 100이 되도록 두 수를 모으기	100이 되는 더하기 10에서 빼기 세 수의 덧셈과 뺄셈 (몇십)+(몇), (몇십 몇)+(몇), (몇십 몇)+(몇십 몇) (몇십 몇)-(몇), (몇십 몇)-(몇십 몇) 긴바늘, 짧은바늘 알아보기 몇 시 알아보기 몇 시 30분 알아보기	세 수의 덧셈 받아올림이 있는 (몇)+(몇) 받아내림이 있는 (십 몇)-(몇) 세 수의 계산 덧셈식, 뺄셈식 만들기 □가 있는 덧셈식, 뺄셈식 만들기 여러 가지 방법으로 해결하기

F - ❶ 교재	F - ❷ 교재	F - ❸ 교재
백(100)과 몇백(200, 300, ……)의 개념 이해 세 자리 수와 뛰어 세기의 이해 세 자리 수의 크기 비교 받아올림이 있는 (두 자리 수)+(한 자리 수)의 계산 받아내림이 있는 (두 자리 수)-(한 자리 수)의 계산 세 수의 덧셈과 뺄셈 선분과 직선의 차이 이해 사각형, 삼각형, 원 등의 여러 가지 모양 쌓기나무로 똑같이 쌓아 보고 여러 가지 모양 만들기 배열 순서에 따라 규칙 찾아내기	받아올림이 있는 (두 자리 수)+(두 자리 수)의 계산 받아내림이 있는 (두 자리 수)-(두 자리 수)의 계산 여러 가지 방법으로 계산하고 세 수의 혼합 계산 길이 비교와 단위길이의 비교 길이의 단위(cm) 알기 길이 재기와 길이 어림하기 어떤 수를 □로 나타내기 덧셈식·뺄셈식에서 □의 값 구하기 어떤 수를 구하는 식 만들기 식에 알맞은 문제 만들기	시각 읽기 시각과 시간의 차이 알기 하루의 시간 알기 달력을 보며 1년 알기 몇 시 몇 분 전 알기 반 시간 알기 묶어 세기 몇 배 알아보기 더하기를 곱하기로 나타내기 덧셈식과 곱셈식으로 나타내기
F - ❹ 교재	**F - ❺ 교재**	**F - ❻ 교재**
2~9의 단 곱셈구구 익히기 1의 단 곱셈구구와 0의 곱 곱셈표에서 규칙 찾기 받아올림이 없는 세 자리 수의 덧셈 받아내림이 없는 세 자리 수의 뺄셈 여러 가지 방법으로 계산하기 미터(m)와 센티미터(cm) 길이 재기 길이 어림하기 길이의 합과 차	받아올림이 있는 세 자리 수의 덧셈 받아내림이 있는 세 자리 수의 뺄셈 여러 가지 방법으로 덧셈·뺄셈하기 세 수의 혼합 계산 똑같이 나누기 전체와 부분의 크기 분수의 쓰기와 읽기 분수만큼 색칠하고 분수로 나타내기 표와 그래프로 나타내기 조사하여 표와 그래프로 나타내기	□가 있는 곱셈식을 만들어 문제 해결하기 규칙을 찾아 문제 해결하기 거꾸로 생각하여 문제 해결하기

단계 교재 (G)

G - ❶ 교재	G - ❷ 교재	G - ❸ 교재
1000의 개념 알기	똑같이 묶어 덜어 내기와 똑같게 나누기	분수만큼 알기와 분수로 나타내기
몇천, 네 자리 수 알기	나눗셈의 몫	몇 개인지 알기
수의 자릿값 알기	곱셈과 나눗셈의 관계	분수의 크기 비교
뛰어 세기, 두 수의 크기 비교	나눗셈의 몫을 구하는 방법	mm 단위를 알기와 mm 단위까지 길이 재기
세 자리 수의 덧셈	나눗셈의 세로 형식	km 단위를 알기
덧셈의 여러 가지 방법	곱셈을 활용하여 나눗셈의 몫 구하기	km, m, cm, mm의 단위가 있는 길이의
세 자리 수의 뺄셈	평면도형 밀기, 뒤집기, 돌리기	합과 차 구하기
뺄셈의 여러 가지 방법	평면도형 뒤집고 돌리기	시각과 시간의 개념 알기
각과 직각의 이해	(몇십)×(몇)의 계산	1초의 개념 알기
직각삼각형, 직사각형, 정사각형의 이해	(두 자리 수)×(한 자리 수)의 계산	시간의 합과 차 구하기

G - ❹ 교재	G - ❺ 교재	G - ❻ 교재
(네 자리 수)+(세 자리 수)	(몇십)÷(몇)	막대그래프
(네 자리 수)+(네 자리 수)	내림이 없는 (몇십 몇)÷(몇)	막대그래프 그리기
(네 자리 수)−(세 자리 수)	나눗셈의 몫과 나머지	그림그래프
(네 자리 수)−(네 자리 수)	나눗셈식의 검산 / (몇십 몇)÷(몇)	그림그래프 그리기
세 수의 덧셈과 뺄셈	들이 / 들이의 단위	알맞은 그래프로 나타내기
(세 자리 수)×(한 자리 수)	들이의 어림하기와 합과 차	규칙을 정해 무늬 꾸미기
(몇십)×(몇십) / (두 자리 수)×(몇십)	무게 / 무게의 단위	규칙을 찾아 문제 해결
(두 자리 수)×(두 자리 수)	무게의 어림하기와 합과 차	표를 만들어서 문제 해결
원의 중심과 반지름 / 그리기 / 지름 / 성질	0.1 / 소수 알아보기	예상과 확인으로 문제 해결
	소수의 크기 비교하기	

단계 교재 (H)

H - ❶ 교재	H - ❷ 교재	H - ❸ 교재
만 / 다섯 자리 수 / 십만, 백만, 천만	이등변삼각형 / 이등변삼각형의 성질	소수
억 / 조 / 큰 수 뛰어서 세기	정삼각형 / 예각과 둔각	소수 두 자리 수
두 수의 크기 비교	예각삼각형 / 둔각삼각형	소수 세 자리 수
100, 1000, 10000, 몇백, 몇천의 곱	덧셈, 뺄셈 또는 곱셈, 나눗셈이 섞여 있는 혼합	소수 사이의 관계
(세,네 자리 수)×(두 자리 수)	계산	소수의 크기 비교
세 수의 곱셈 / 몇십으로 나누기	덧셈, 뺄셈, 곱셈, 나눗셈이 섞여 있는 혼합 계산	규칙을 찾아 수로 나타내기
(두,세 자리 수)÷(두 자리 수)	( ), { }가 있는 혼합 계산	규칙을 찾아 글로 나타내기
각의 크기 / 각 그리기 / 각도의 합과 차	분수와 진분수 / 가분수와 대분수	새로운 무늬 만들기
삼각형의 세 각의 크기의 합	대분수를 가분수로, 가분수를 대분수로 나타내기	
사각형의 네 각의 크기의 합	분모가 같은 분수의 크기 비교	

H - ❹ 교재	H - ❺ 교재	H - ❻ 교재
분모가 같은 진분수의 덧셈	사다리꼴 / 평행사변형 / 마름모	꺾은선그래프
분모가 같은 대분수의 덧셈	직사각형과 정사각형의 성질	꺾은선그래프 그리기
분모가 같은 진분수의 뺄셈	다각형과 정다각형 / 대각선	물결선을 사용한 꺾은선그래프
분모가 같은 대분수의 뺄셈	여러 가지 모양 만들기	물결선을 사용한 꺾은선그래프 그리기
분모가 같은 대분수와 진분수의 덧셈과 뺄셈	여러 가지 모양으로 덮기	알맞은 그래프로 나타내기
소수의 덧셈 / 소수의 뺄셈	직사각형과 정사각형의 둘레	꺾은선그래프의 활용
수직과 수선 / 수선 긋기	1cm² / 직사각형과 정사각형의 넓이	두 수 사이의 관계
평행선 / 평행선 긋기	여러 가지 도형의 넓이	두 수 사이의 관계를 식으로 나타내기
평행선 사이의 거리	이상과 이하 / 초과와 미만 / 수의 범위	문제를 해결하고 풀이 과정을 설명하기
	올림과 버림 / 반올림 / 어림의 활용	

기탄 사고력 수학 교재별 학습 내용

I 단계 교재

I - ❶ 교재	I - ❷ 교재	I - ❸ 교재
약수 / 배수 / 배수와 약수의 관계	세 분수의 덧셈과 뺄셈	평행사변형의 넓이
공약수와 최대공약수	(진분수)×(자연수) / (대분수)×(자연수)	삼각형의 넓이
공배수와 최소공배수	(자연수)×(진분수) / (자연수)×(대분수)	사다리꼴의 넓이
크기가 같은 분수 알기	(단위분수)×(단위분수)	마름모의 넓이
크기가 같은 분수 만들기	(진분수)×(진분수) / (대분수)×(대분수)	넓이의 단위 m^2, a
분수의 약분 / 분수의 통분	세 분수의 곱셈 / 합동인 도형의 성질	넓이의 단위 ha, km^2
분수의 크기 비교 / 진분수의 덧셈	합동인 삼각형 그리기	넓이의 단위 관계
대분수의 덧셈 / 진분수의 뺄셈	면, 모서리, 꼭짓점	무게의 단위
대분수의 뺄셈 / 세 분수의 덧셈과 뺄셈	직육면체와 정육면체	
	직육면체의 성질 / 겨냥도 / 전개도	

I - ❹ 교재	I - ❺ 교재	I - ❻ 교재
분수와 소수의 관계	(소수)×(자연수) / (자연수)×(소수)	두 수의 크기 비교
분수를 소수로, 소수를 분수로 나타내기	곱의 소수점의 위치	비율
분수와 소수의 크기 비교	(소수)×(소수)	백분율
1÷(자연수)를 곱셈으로 나타내기	소수의 곱셈	할푼리
(자연수)÷(자연수)를 곱셈으로 나타내기	(소수)÷(자연수)	실제로 해 보기와 표 만들기
(진분수)÷(자연수) / (가분수)÷(자연수)	(자연수)÷(자연수)	그림 그리기와 식 만들기
(대분수)÷(자연수)	줄기와 잎 그림	예상하고 확인하기와 표 만들기
분수와 자연수의 혼합 계산	그림그래프	실제로 해 보기와 규칙 찾기
선대칭도형/선대칭의 위치에 있는 도형	평균	
점대칭도형/점대칭의 위치에 있는 도형	자료를 그래프로 나타내고 설명하기	

J 단계 교재

J - ❶ 교재	J - ❷ 교재	J - ❸ 교재
(자연수)÷(단위분수)	쌓기나무의 개수	비례식
분모가 같은 진분수끼리의 나눗셈	쌓기나무의 각 자리, 각 층별로 나누어	비의 성질
분모가 다른 진분수끼리의 나눗셈	개수 구하기	가장 작은 자연수의 비로 나타내기
(자연수)÷(진분수) / 대분수의 나눗셈	규칙 찾기	비례식의 성질
분수의 나눗셈 활용하기	쌓기나무로 만든 것, 여러 가지 입체도형,	비례식의 활용
소수의 나눗셈 / (자연수)÷(소수)	여러 가지 생활 속 건축물의 위, 앞, 옆	연비
소수의 나눗셈에서 나머지	에서 본 모양	두 비의 관계를 연비로 나타내기
반올림한 몫	원주와 원주율 / 원의 넓이	연비의 성질
입체도형과 각기둥 / 각뿔	띠그래프 알기 / 띠그래프 그리기	비례배분
각기둥의 전개도 / 각뿔의 전개도	원그래프 알기 / 원그래프 그리기	연비로 비례배분

J - ❹ 교재	J - ❺ 교재	J - ❻ 교재
(소수)÷(분수) / (분수)÷(소수)	원기둥의 겉넓이	두 수 사이의 대응 관계 / 정비례
분수와 소수의 혼합 계산	원기둥의 부피	정비례를 활용하여 생활 문제 해결하기
원기둥 / 원기둥의 전개도	경우의 수	반비례
원뿔	순서가 있는 경우의 수	반비례를 활용하여 생활 문제 해결하기
회전체 / 회전체의 단면	여러 가지 경우의 수	그림을 그리거나 식을 세워 문제 해결하기
직육면체와 정육면체의 겉넓이	확률	거꾸로 생각하거나 식을 세워 문제 해결하기
부피의 비교 / 부피의 단위	미지수를 x로 나타내기	표를 작성하거나 예상과 확인을 통하여
직육면체와 정육면체의 부피	등식 알기 / 방정식 알기	문제 해결하기
부피의 큰 단위	등식의 성질을 이용하여 방정식 풀기	여러 가지 방법으로 문제 해결하기
부피와 들이 사이의 관계	방정식의 활용	새로운 문제를 만들어 풀어 보기

H6

..🐥 H301a ~ H315b

학습 관리표

학습 내용		이번 주는?
꺾은선그래프	• 꺾은선그래프 • 꺾은선그래프 그리기 • 물결선을 사용한 꺾은선그래프 • 물결선을 사용한 꺾은선그래프 그리기 • 알맞은 그래프로 나타내기 • 꺾은선그래프의 활용 • 창의력 학습 • 경시대회 예상문제	• 학습 방법 : ① 매일매일 ② 가끔 ③ 한꺼번에 　하였습니다. • 학습 태도 : ① 스스로 잘 ② 시켜서 억지로 　하였습니다. • 학습 흥미 : ① 재미있게 ② 싫증내며 　하였습니다. • 교재 내용 : ① 적합하다고 ② 어렵다고 ③ 쉽다고 　하였습니다.

지도 교사가 부모님께	부모님이 지도 교사께

평가	Ⓐ 아주 잘함	Ⓑ 잘함	Ⓒ 보통	Ⓓ 부족함

원(교)　　　　　반　이름　　　　　전화

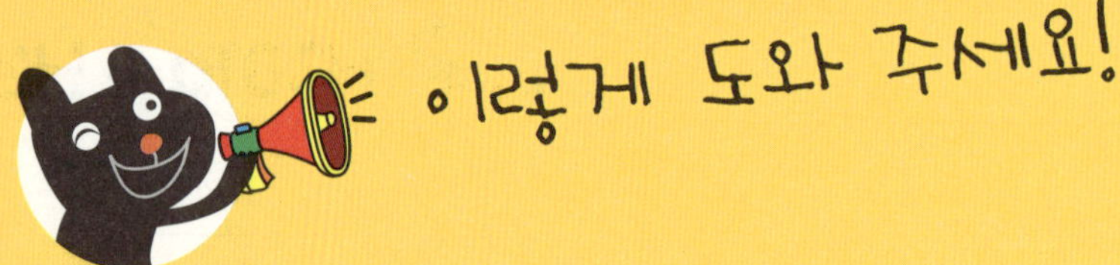

● 학습 목표
- 꺾은선그래프의 특징을 이해할 수 있습니다.
- 표를 보고 꺾은선그래프를 그릴 수 있습니다.
- 꺾은선그래프와 물결선을 사용한 꺾은선그래프를 비교할 수 있습니다.
- 물결선을 사용한 꺾은선그래프를 그릴 수 있습니다.
- 자료의 특성에 따라 알맞은 그래프로 나타낼 수 있습니다.
- 꺾은선그래프를 보고 여러 가지 통계적 사실을 알 수 있습니다.

● 지도 내용
- 꺾은선그래프의 특징을 알고 꺾은선그래프가 나타내는 통계적 사실을 찾게 합니다.
- 조사한 표를 보고 꺾은선그래프를 그려 보게 합니다.
- 물결선을 사용하지 않은 꺾은선그래프와 물결선을 사용한 꺾은선그래프를 비교하게 합니다.
- 물결선을 사용한 꺾은선그래프를 그려 보게 합니다.
- 막대그래프와 꺾은선그래프를 비교하여 그 차이점을 이해하게 합니다.
- 꺾은선그래프를 보고 내용을 해석하고, 자료의 변화를 예측할 수 있게 합니다.

● 지도 요점
연속적으로 변화하는 양에 대한 통계 자료를 조사하여 표로 만들고, 이를 바탕으로 꺾은선그래프를 그리고, 여러 가지 사실을 찾아 낼 수 있게 합니다. 변화의 모습이 잘 나타날 수 있게 하기 위하여 그래프의 눈금의 크기와 물결선 등을 적절히 잘 활용할 수 있게 합니다. 막대그래프와 꺾은선그래프를 비교하여 그 차이점을 이해하고, 각각의 특성과 용도를 알게 합니다. 조사된 자료의 특성을 잘 나타낼 수 있는 그래프를 선택할 수 있게 합니다. 꺾은선그래프의 특성을 이해하고 활용할 수 있게 합니다. 즉, 양의 크기를 비교할 때에는 막대그래프로 나타내는 것이 편리하지만, 변화하는 모습을 잘 알 수 있게 하려면 꺾은선그래프로 나타내는 것이 편리하다는 것을 알고, 자료의 특성에 따라 그래프를 선택하여 나타낼 수 있게 합니다.

◆ 꺾은선그래프 (1) ◆

> 연속적으로 변화하는 양을 점으로 찍고 그 점들을 선분으로 연결하여 한눈에 알아보기 쉽게 나타낸 그래프를 꺾은선그래프라고 합니다.

순영이가 콩나물의 키를 조사하여 나타낸 그래프입니다. 물음에 답하시오. [1~2]

콩나물의 키

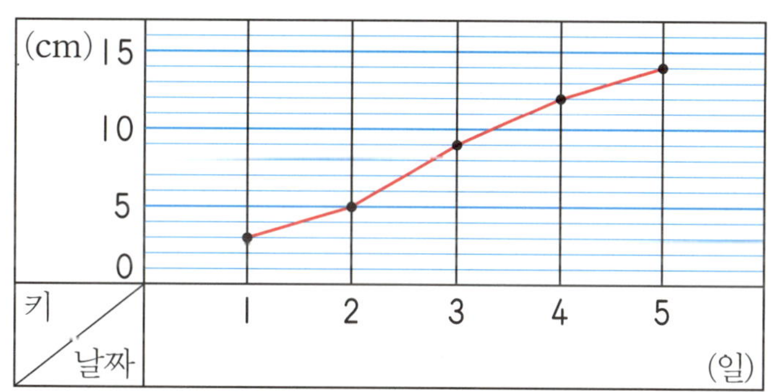

1 위와 같은 그래프를 무슨 그래프라고 합니까?

[답]

2 그래프를 보고 표의 빈칸에 알맞은 수를 써넣으시오.

콩나물의 키

날짜(일)	1	2	3	4	5
키(cm)	3				

사고력 학습

지호네 반 교실의 온도를 조사하여 나타낸 꺾은선그래프입니다. 물음에 답하시오.
[3~6]

교실의 온도

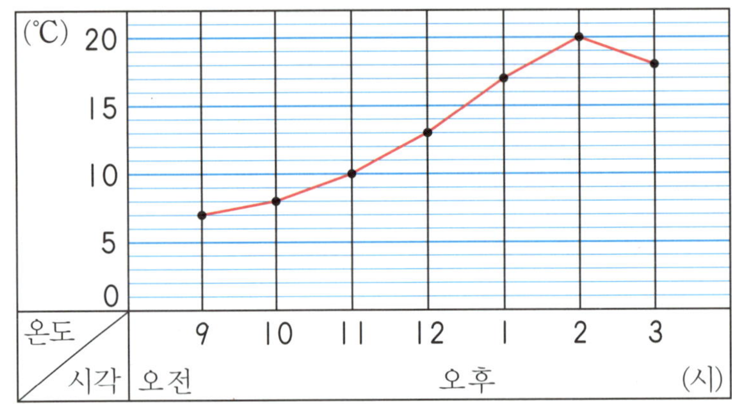

3 그래프의 가로 눈금과 세로 눈금은 각각 무엇을 나타냅니까?

가로 눈금 ________________________ , 세로 눈금 ________________________

4 세로 눈금 한 칸의 크기는 몇 도입니까?

[답]

5 오전 11시의 온도는 몇 도입니까?

[답]

6 교실 온도가 가장 높은 때는 몇 시입니까?

[답]

 사고력 학습

◆ 꺾은선그래프(2) ◆

어느 가게의 아이스크림 판매량을 월별로 조사하여 나타낸 꺾은선그래프입니다. 물음에 답하시오. [1~4]

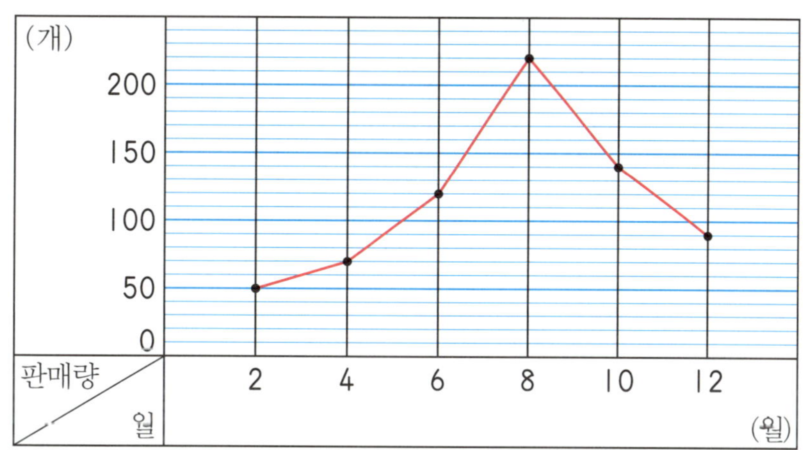

1 세로 눈금 한 칸의 크기는 몇 개입니까?

[답]

2 아이스크림이 가장 많이 팔린 때는 몇 월입니까?

[답]

3 4월에 팔린 아이스크림은 몇 개입니까?

[답]

4 10월에 팔린 아이스크림은 8월에 팔린 아이스크림보다 얼마나 줄었습니까?

[답]

사고력 학습

현종이의 오래 매달리기 기록을 일주일 동안 조사하여 나타낸 꺾은선그래프입니다. 물음에 답하시오. [5~8]

오래 매달리기 기록

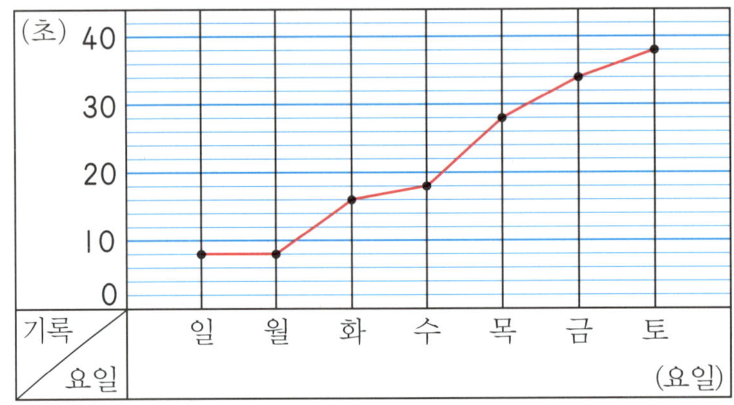

5 세로 눈금 한 칸의 크기는 몇 초입니까?

[답]

6 금요일은 화요일보다 오래 매달리기 기록이 몇 초 더 늘어났습니까?

[답]

7 오래 매달리기 기록이 전날에 비해 가장 많이 늘어난 요일은 언제입니까?

[답]

8 오래 매달리기 기록이 전날에 비해 변화가 없는 요일은 언제입니까?

[답]

 사고력 학습

✿ 이름 :

✿ 날짜 :

✿ 시간 :　　시　　분 ～　　시　　분

확인

◆ 꺾은선그래프 그리기(1) ◆

어느 야구 선수의 홈런 수를 조사하여 나타낸 표입니다. 표를 보고 꺾은선그래프로 나타내려고 합니다. 물음에 답하시오. [1~4]

홈런 수

월	4	5	6	7	8
홈런 수(개)	3	7	5	11	6

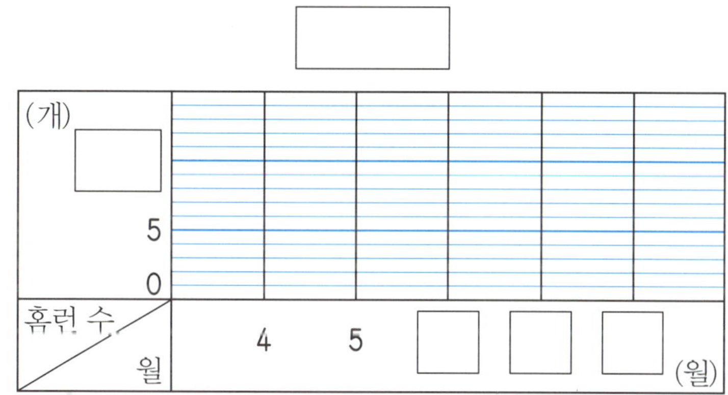

1 가로 눈금에 월을, 세로 눈금에 홈런 수를 써넣으시오.

2 가로 눈금의 월과 세로 눈금의 홈런 수에 해당되는 곳에 점을 찍으시오.

3 찍은 점과 점을 선분으로 연결하시오.

4 꺾은선그래프의 제목을 쓰시오.

사고력 학습

정현이의 방 안의 온도를 1시간 간격으로 조사하여 나타낸 표입니다. 물음에 답하시오. [5~7]

방 안의 온도

시각(시)	오전 11	낮 12	오후 1	오후 2	오후 3
온도(℃)	8	11	16	19	17

5 그래프의 가로 눈금과 세로 눈금에는 각각 무엇을 나타내는 것이 좋겠습니까?

　가로 눈금 ＿＿＿＿＿＿＿＿＿ , 세로 눈금 ＿＿＿＿＿＿＿＿＿

6 세로 눈금 한 칸의 크기는 얼마로 하는 것이 좋겠습니까?

[답] ＿＿＿＿＿＿＿＿＿

7 표를 보고 꺾은선그래프를 그리시오.

방 안의 온도

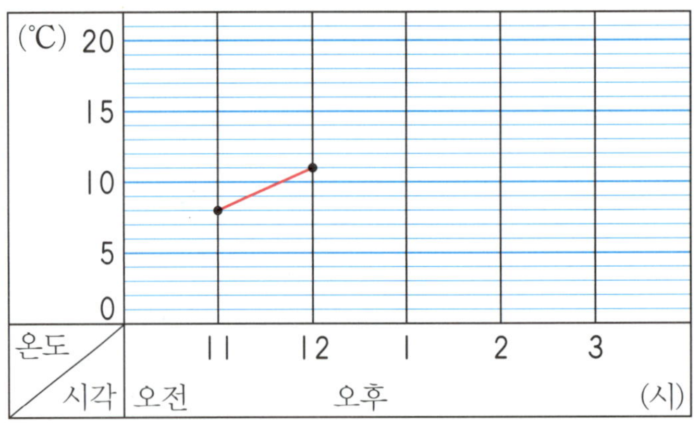

◆ **꺾은선그래프 그리기(2)** ◆

1 식물의 키를 조사하여 나타낸 표를 보고 꺾은선그래프를 그리시오.

식물의 키

날짜(일)	1	2	3	4	5	6
키(cm)	3	5	8	12	14	18

식물의 키

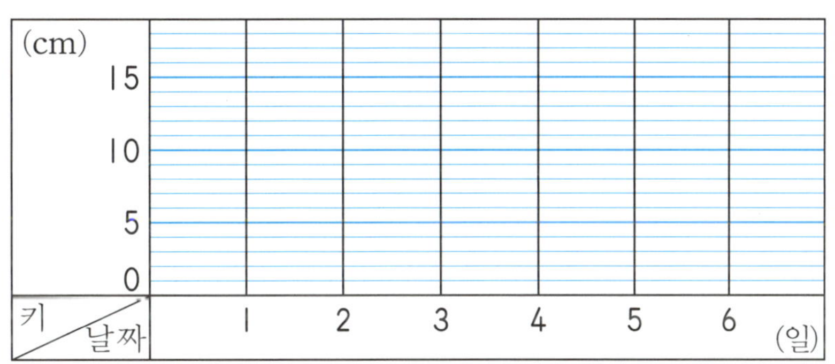

2 우리나라 하계 올림픽 순위를 나타낸 표를 보고 꺾은선그래프를 그리시오.

우리나라 하계 올림픽 순위

연도(년)	1988	1992	1996	2000	2004	2008
순위(위)	4	7	10	12	9	7

우리나라 하계 올림픽 순위

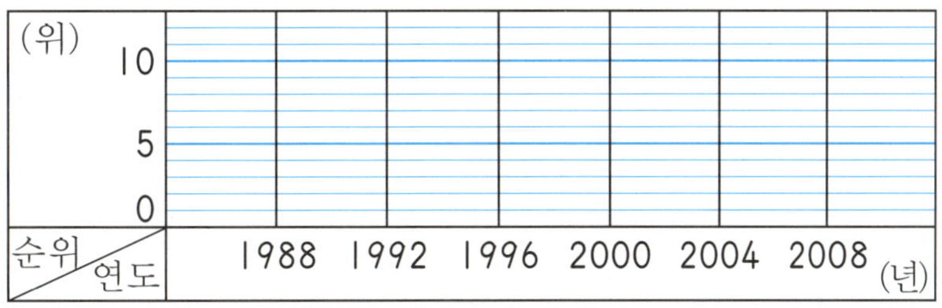

사고력 학습

어느 지역의 적설량을 조사하여 나타낸 표입니다. 물음에 답하시오. [3~4]

적설량

시각(시)	3	4	5	6	7	8
적설량(mm)	0.8	1.6	2.6	4.0	5.2	5.8

3 그래프의 가로 눈금과 세로 눈금에는 각각 무엇을 나타내는 것이 좋겠습니까?

가로 눈금 _________________ , 세로 눈금 _________________

4 표를 보고 눈금 한 칸의 크기를 0.2mm로 하여 꺾은선그래프를 그리시오.

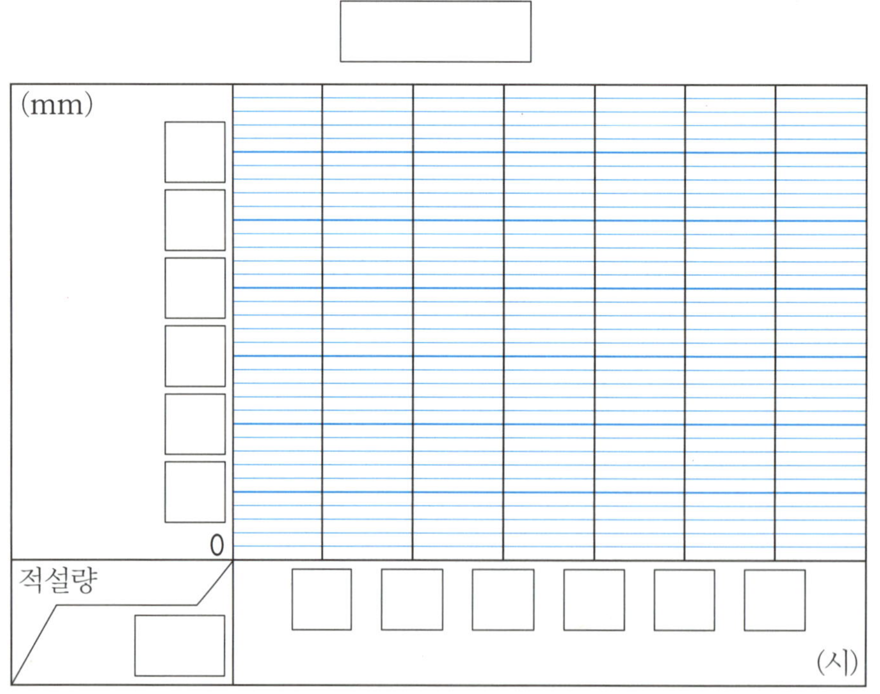

🌸 이름 :

🌸 날짜 :

🌸 시간 :　시　분 ~ 시　분

확인

◆ 물결선을 사용한 꺾은선그래프(1) ◆

> 꺾은선그래프를 그릴 때, 필요 없는 부분은 ≈(물결선)으로 줄여서 그립니다.

🐸 연도별 성미의 몸무게를 꺾은선그래프로 나타낸 것입니다. 물음에 답하시오. [1~3]

(가) 성미의 몸무게

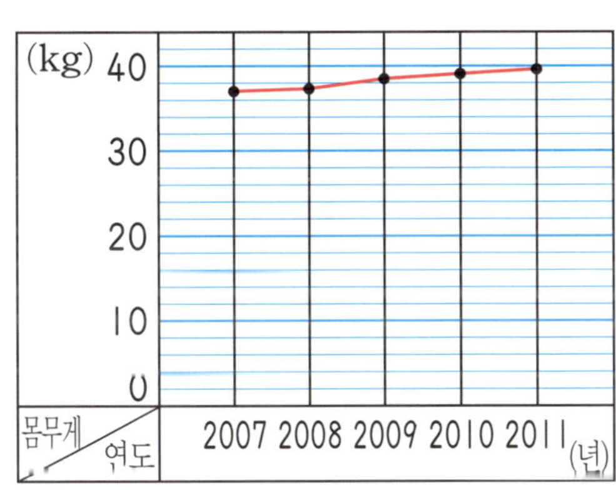

(나) 성미의 몸무게

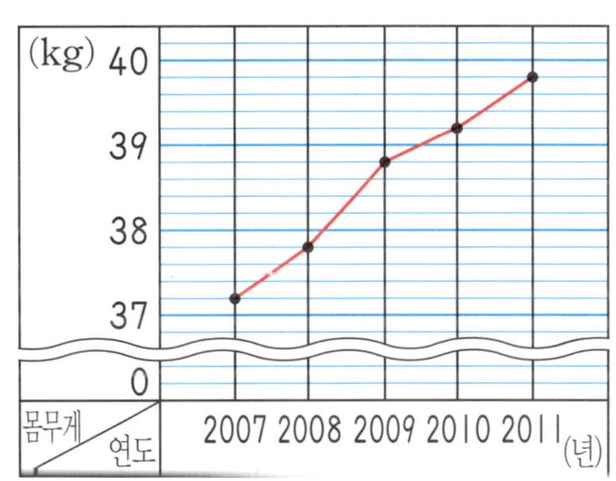

1 (가) 그래프의 세로 눈금 한 칸의 크기는 몇 kg입니까?

[답]

2 (나) 그래프의 세로 눈금 한 칸의 크기는 몇 kg입니까?

[답]

3 (가) 그래프와 (나) 그래프 중에서 성미의 몸무게의 변화를 뚜렷하게 알아볼 수 있는 그래프는 어느 것입니까?

[답]

🐸 미연이네 마을의 하루 중 최고 기온의 변화를 조사하여 나타낸 꺾은선그래프입니다. 물음에 답하시오. [4~6]

하루 중 최고 기온

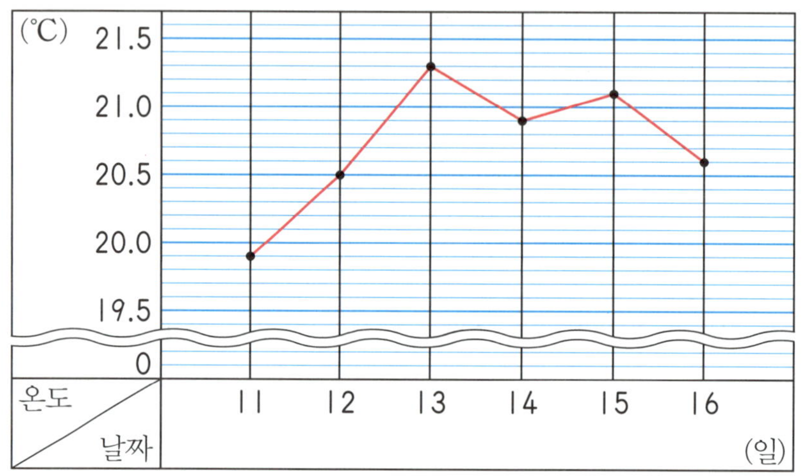

4 세로 눈금 한 칸의 크기는 몇 도입니까?

[답]

5 하루 중 최고 기온이 가장 낮은 날은 며칠입니까?

[답]

6 꺾은선그래프를 보고 표의 빈칸에 알맞은 수를 써넣으시오.

하루 중 최고 기온

날짜(일)	11	12	13	14	15	16
온도(℃)						

사고력 학습

◆ 물결선을 사용한 꺾은선그래프(2) ◆

형기의 키를 매월 1일에 조사하여 나타낸 꺾은선그래프입니다. 물음에 답하시오. [1~4]

형기의 키

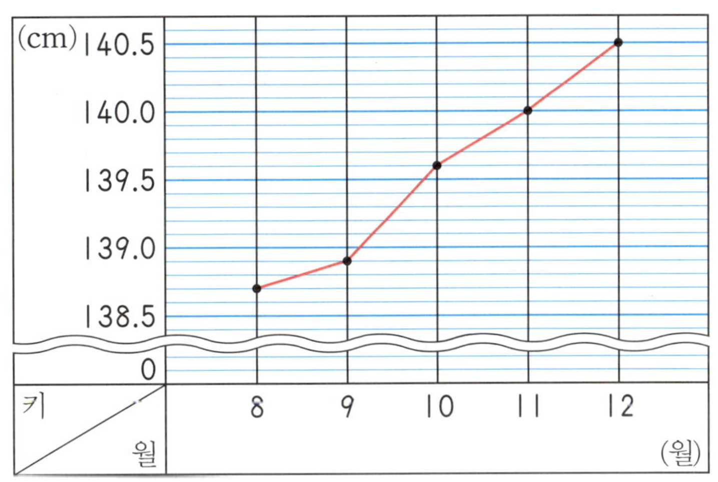

1 9월 1일의 형기의 키는 몇 cm입니까?

[답]

2 12월 1일의 형기의 키는 11월 1일보다 몇 cm 자랐습니까?

[답]

3 10월 15일의 형기의 키는 몇 cm쯤 됩니까?

[답]

4 형기의 키가 가장 많이 자랐을 때는 몇 월과 몇 월 사이입니까?

[답]

🐸 어느 지역에 해수면의 온도를 매월 1일에 조사하여 나타낸 꺾은선그래프입니다. 물음에 답하시오. [5~8]

해수면의 온도

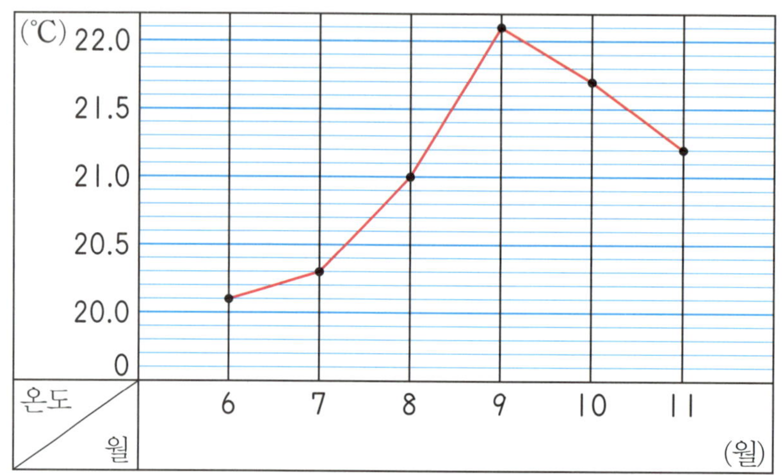

5 그래프의 필요 없는 부분에 물결선을 그려 넣으시오.

6 10월 1일의 해수면의 온도는 몇 도입니까?

[답]

7 해수면의 온도가 내려가기 시작한 시점은 몇 월입니까?

[답]

8 9월 1일의 해수면의 온도는 7월 1일의 해수면의 온도보다 얼마나 올랐습니까?

[답]

사고력 학습

◆ 물결선을 사용한 꺾은선그래프 그리기(1) ◆

주원이의 100m 달리기 기록을 재어 나타낸 표입니다. 표를 보고 물결선을 사용한 꺾은선그래프를 그리려고 합니다. 물음에 답하시오. [1~5]

100m 달리기 기록

날짜(일)	3	4	5	6	7
기록(초)	18.6	18.7	18.5	17.7	17.6

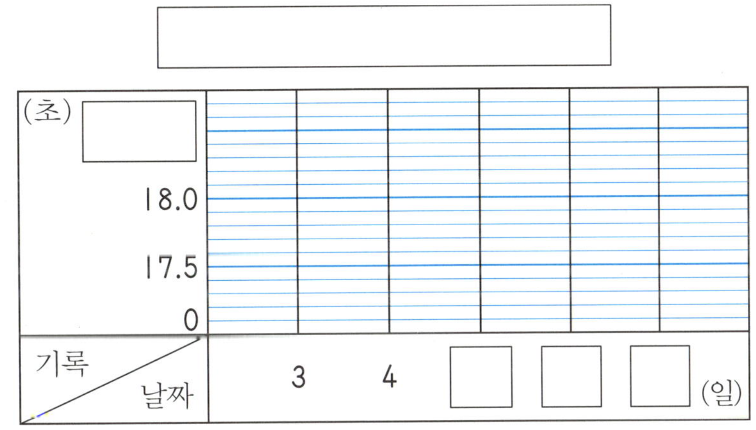

1 그래프의 필요 없는 부분에 물결선을 그려 넣으시오.

2 가로 눈금에 날짜를, 세로 눈금에 기록을 써넣으시오.

3 가로 눈금의 날짜와 세로 눈금의 기록에 해당되는 곳에 점을 찍으시오.

4 찍은 점과 점을 선분으로 연결하시오.

5 꺾은선그래프의 제목을 쓰시오.

🐸 진석이가 강아지의 무게를 재어 나타낸 표입니다. 물음에 답하시오. [6~8]

강아지의 무게

날짜(일)	1	2	3	4	5	6
무게(kg)	2.5	2.8	3.3	3.7	3.6	4.0

6 강아지의 무게는 몇 kg부터 몇 kg까지 변하였습니까?

[답]

7 물결선을 사용한 꺾은선그래프를 그릴 때, 세로 눈금 한 칸의 크기는 얼마로 하는 것이 좋겠습니까?

[답]

8 표를 보고 물결선을 사용한 꺾은선그래프를 그리시오.

강아지의 무게

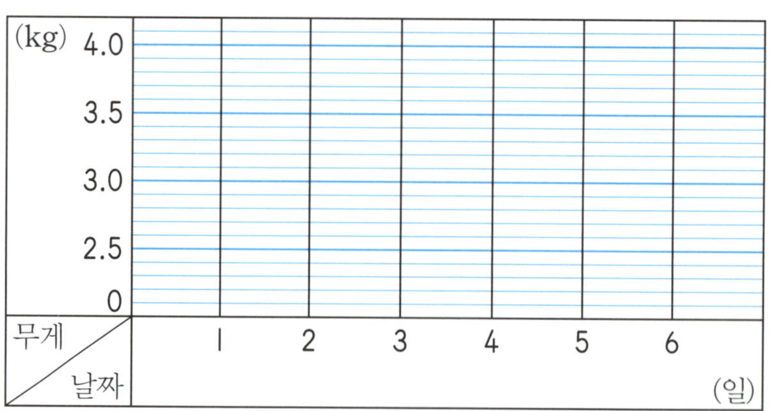

★ 이름 :
★ 날짜 :
★ 시간 :　시　분 ～　시　분

확인

◆ 물결선을 사용한 꺾은선그래프 그리기(2) ◆

어느 마을의 연도별 초등학생 수를 조사하여 나타낸 표입니다. 물음에 답하시오.
[1~2]

연도별 초등학생 수

연도(년)	2007	2008	2009	2010	2011
학생 수(명)	65	70	58	51	62

1 연도별 초등학생 수의 변화하는 모양을 뚜렷이 볼 수 있으려면 몇십 명까지 물결선으로 나타내는 것이 좋겠습니까?

[답]

2 표를 보고 물결선을 사용한 꺾은선그래프를 그리시오.

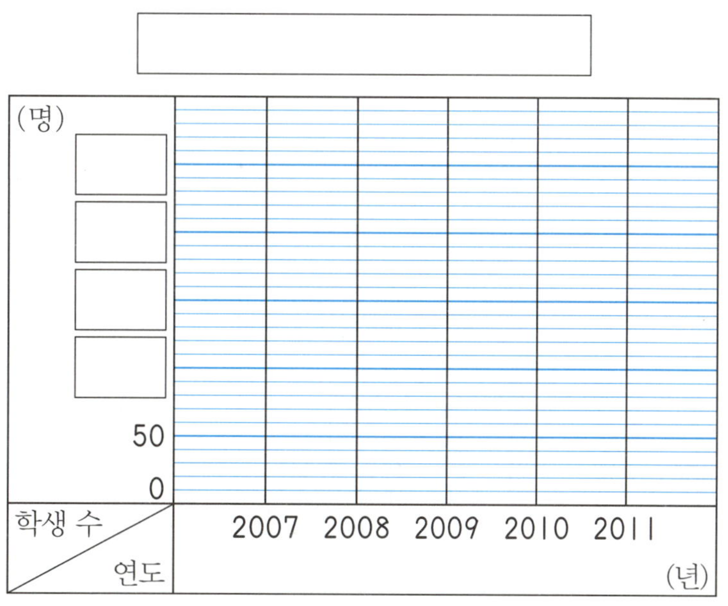

어느 휴양림의 온도를 매 시각마다 조사하여 나타낸 표입니다. 물음에 답하시오.

[3~4]

휴양림의 온도

시각(시)	2	3	4	5	6	7
온도(℃)	18.4	18.8	17.8	16.6	15.8	14.0

3 휴양림의 온도가 변화하는 모양을 뚜렷이 볼 수 있으려면 몇 도까지 물결선으로 나타내는 것이 좋겠습니까?

[답]

4 표를 보고 눈금 한 칸의 크기를 0.2℃로 하여 물결선을 사용한 꺾은선그래프를 그리시오.

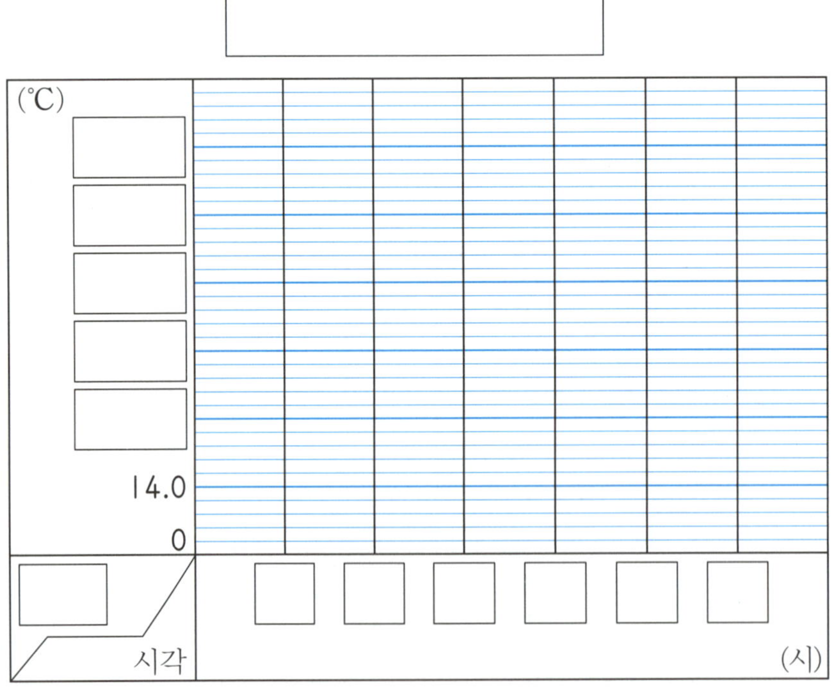

★ 이름 :

★ 날짜 :

★ 시간 :　시　분 ~ 시　분

확인

◆ **알맞은 그래프로 나타내기(1)** ◆

현진이네 반 학생들이 좋아하는 간식을 조사하여 나타낸 표입니다. 물음에 답하시오. [1~3]

좋아하는 간식

간식	떡볶이	순대	라면	쫄면	햄버거
학생 수(명)	10	7	13	4	6

1 좋아하는 간식을 그래프로 나타내려면 막대그래프와 꺾은선그래프 중에서 어떤 그래프로 나타내어야 합니까?

[답]

2 표를 보고 학년별 초등학생 수를 알맞은 그래프로 나타내시오.

좋아하는 간식

3 좋아하는 간식을 2의 그래프로 나타낸 이유를 쓰시오.

[답]

사고력 학습

어느 마을의 강수량을 조사하여 나타낸 표입니다. 물음에 답하시오. [4~6]

강수량

시각(시)	7	8	9	10	11
강수량(mm)	4	7	11	17	25

4 이 마을의 강수량의 변화를 그래프로 나타내려면 막대그래프와 꺾은선그래프 중에서 어떤 그래프로 나타내어야 합니까?

[답] ________________

5 표를 보고 이 마을의 강수량의 변화를 알맞은 그래프로 나타내시오.

강수량

6 강수량의 변화를 5의 그래프로 나타낸 이유를 쓰시오.

[답] ________________

◆ 알맞은 그래프로 나타내기(2) ◆

🐸 어느 강의 수심을 매월 1일 조사하여 나타낸 표입니다. 물음에 답하시오. [1~3]

강의 수심

월	6	7	8	9	10	11
수심(m)	15.1	15.9	17.1	16.3	15.2	15.5

1 강의 수심의 변화를 그래프로 나타내려면 막대그래프와 꺾은선그래프 중에서 어떤 그래프로 나타내어야 합니까?

[답]

2 표를 보고 강의 수심의 변화를 알맞은 그래프로 나타내시오.

강의 수심

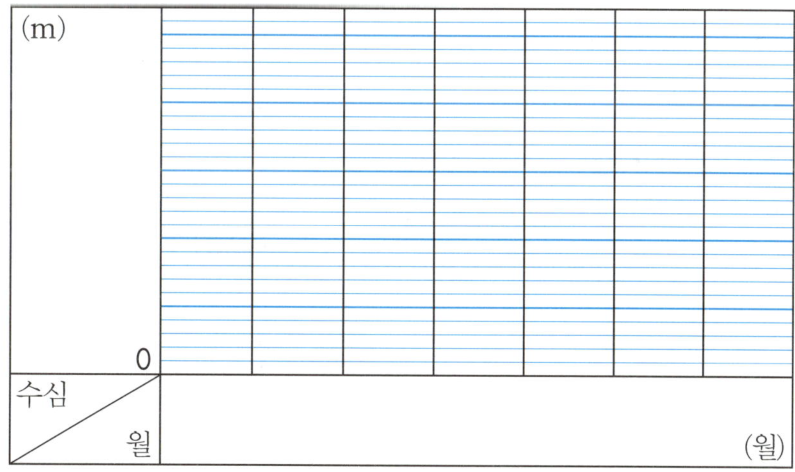

3 수심의 변화가 가장 큰 때는 몇 월과 몇 월 사이입니까?

[답]

🐸 막대그래프와 꺾은선그래프 중에서 어떤 그래프로 나타내면 자료를 잘 나타낼 수 있는지 쓰시오. [4~10]

4 우리 반 학생들이 좋아하는 꽃

[답]

5 I년 동안의 키의 변화

[답]

6 학급 문고의 종류별 책의 수

[답]

7 시각별 교실의 온도

[답]

8 월별 수돗물 사용량

[답]

9 학생들의 줄넘기 기록

[답]

10 주유소 휘발유 가격의 변화

[답]

 사고력 학습

✿ 이름 :

✿ 날짜 :

✿ 시간 :　　시　　분 ～　　시　　분

확인

◆ **꺾은선그래프의 활용(1)** ◆

🐸 선미네 학교 운동장의 온도를 1시간마다 재어 나타낸 꺾은선그래프입니다. 물음에 답하시오. [1~3]

운동장의 온도

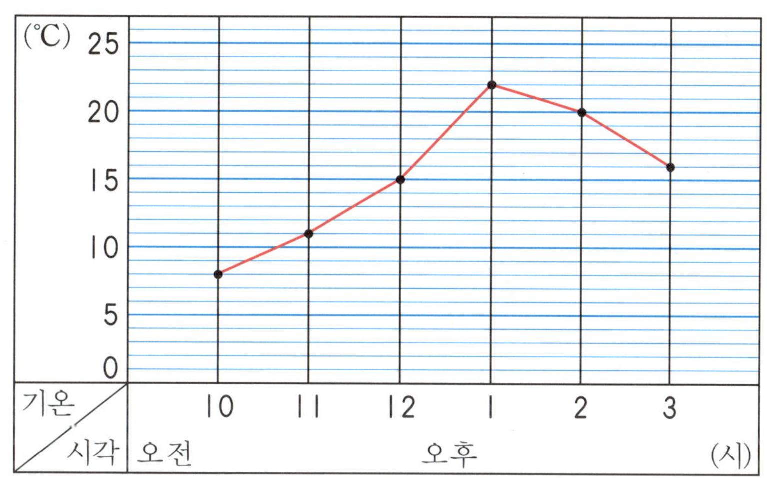

1 운동장의 온도가 가장 높을 때는 몇 시입니까?

[답]

2 오전 11시 30분의 온도는 몇 도쯤 됩니까?

[답]

3 운동장의 온도가 낮아지기 시작한 때는 몇 시와 몇 시 사이입니까?

[답]

어느 지역의 연도별 인구수를 조사하여 표와 꺾은선그래프로 나타내었습니다. 물음에 답하시오. [4~6]

연도별 인구수

연도(년)	2007	2008	2009	2010	2011
인구수(천 명)	35	32	27	28	21

연도별 인구수

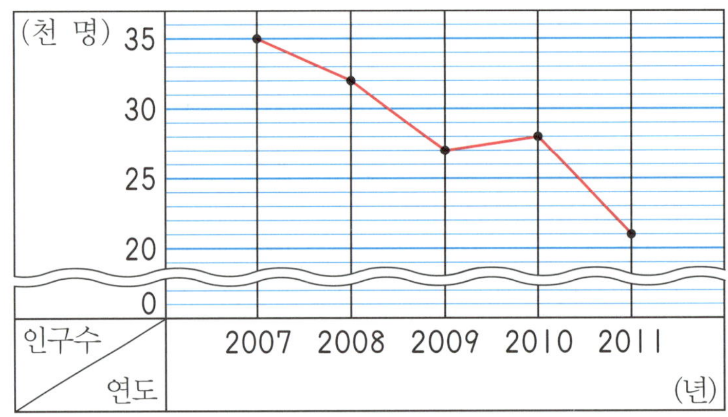

4 이 지역의 연도별 인구수는 어떻게 변하였습니까?

[답]

5 이 지역의 인구수의 변화가 가장 큰 때는 몇 년과 몇 년 사이입니까?

[답]

6 2012년에 이 지역의 인구수는 어떻게 될 것이라고 예상합니까?

[답]

사고력 학습

이름 :

날짜 :

시간 :　시　분 ~ 시　분

확인

◆ 꺾은선그래프의 활용(2) ◆

연도별 프로야구 관중 수를 조사하여 꺾은선그래프로 나타내었습니다. 물음에 답하시오. [1~2]

프로야구 관중 수

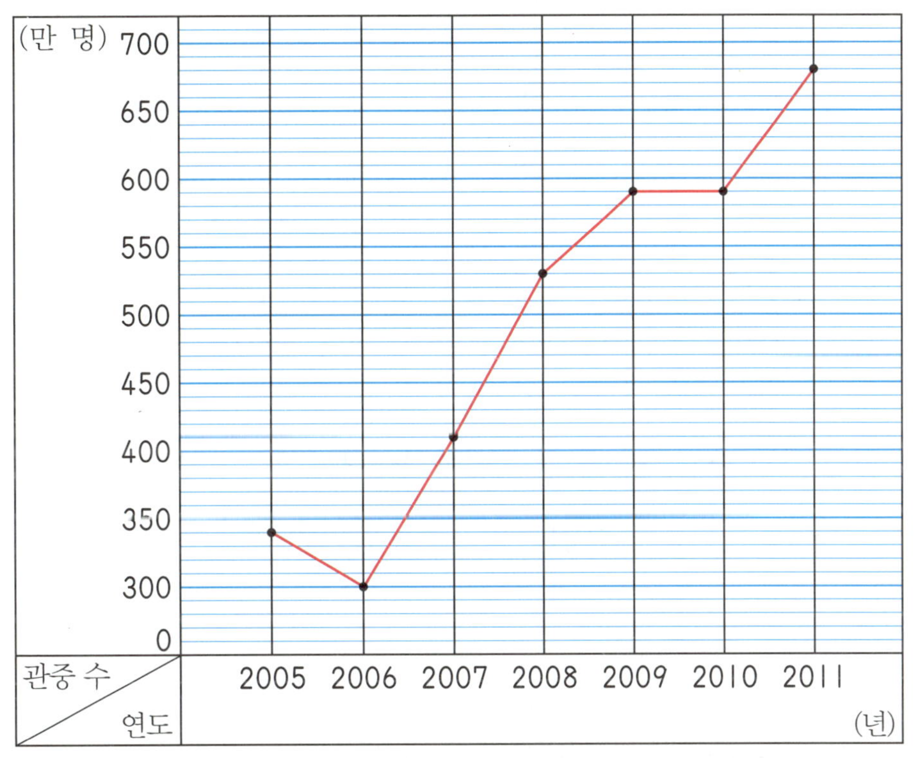

(출처: 한국 야구 위원회)

1 전년도에 비해 관중 수가 감소한 해는 언제입니까?

[답]

2 2012년에 관중 수는 어떻게 될 것이라고 예상합니까?

[답]

어느 지역의 농사를 짓는 가구 수를 조사하여 나타낸 꺾은선그래프입니다. 물음에 답하시오. [3~5]

농사를 짓는 가구 수

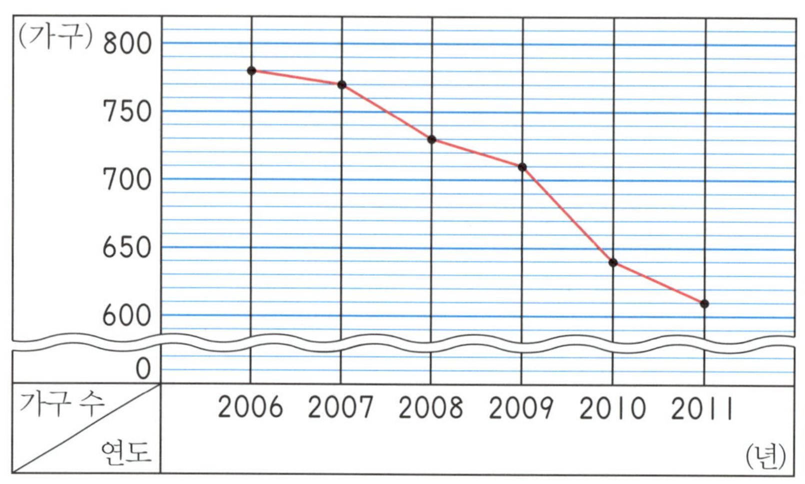

3 농사를 짓는 가구 수는 어떻게 변하였습니까?

[답]

4 농사를 짓는 가구 수가 전년도에 비해 가장 많이 감소한 해는 언제입니까?

[답]

5 2012년의 농사를 짓는 가구 수는 어떻게 될 것이라고 예상합니까?

[답]

🌐 창의력 학습

어느 회사의 제품 판매량을 월별로 조사하여 나타낸 꺾은선그래프입니다. 제품 판매량에 대해 잘못 설명한 사람은 누구입니까?

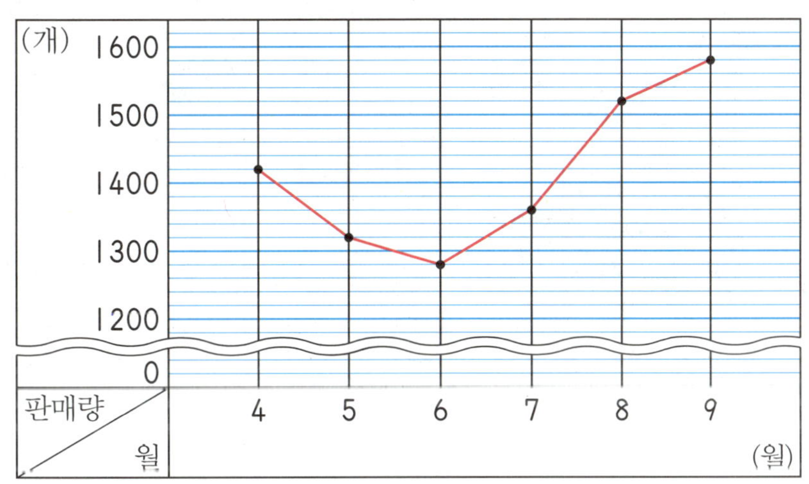

[답]

공주의 몸무게를 매월 1일에 조사하여 나타낸 것입니다. 공주의 몸무게의 변화를 쉽게 비교할 수 있도록 그래프를 그려 보시오.

공주의 몸무게

공주의 몸무게

이름 :

날짜 :

시간 :　　시　　분 ~　　시　　분

확인

 경시대회 예상문제

1 준호의 키를 매년 3월에 재어 나타낸 표입니다. 준호의 키를 꺾은선그래프로 나타낼 때, 꼭 필요한 세로 눈금의 범위는 몇 cm부터 몇 cm까지입니까?

준호의 키

나이(세)	7	8	9	10	11
키(cm)	125.1	128.8	132.5	137.7	142.2

[답]

2 온도의 변화를 꺾은선그래프로 나타낼 때, 가장 뚜렷하게 알 수 있는 것을 찾아 기호를 쓰시오.

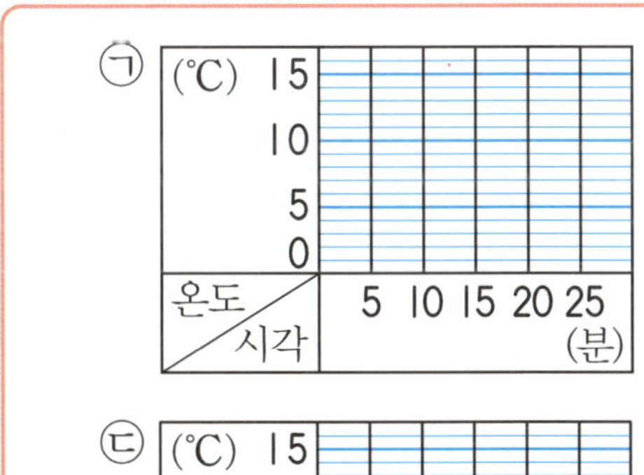

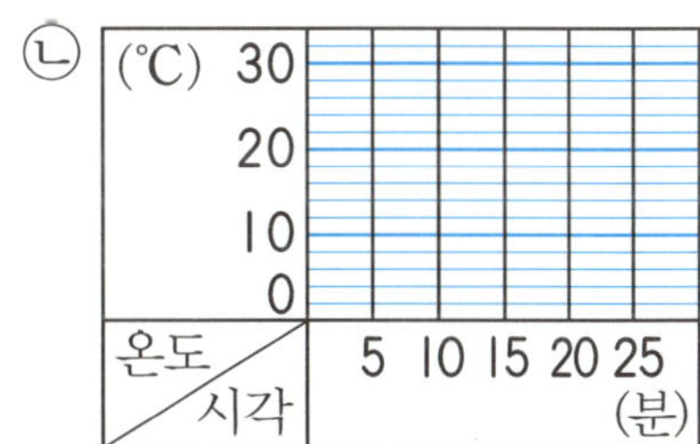

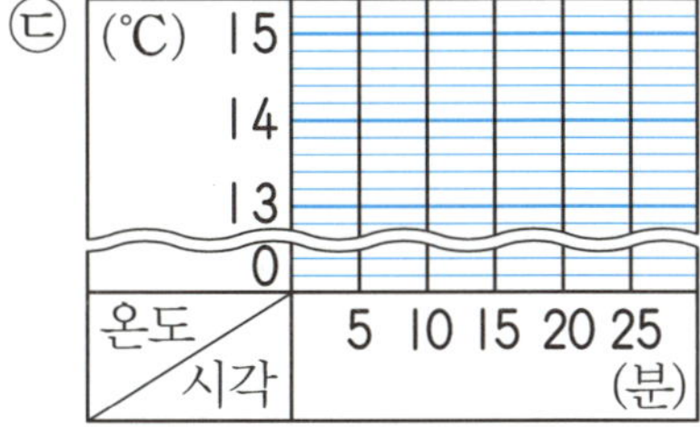

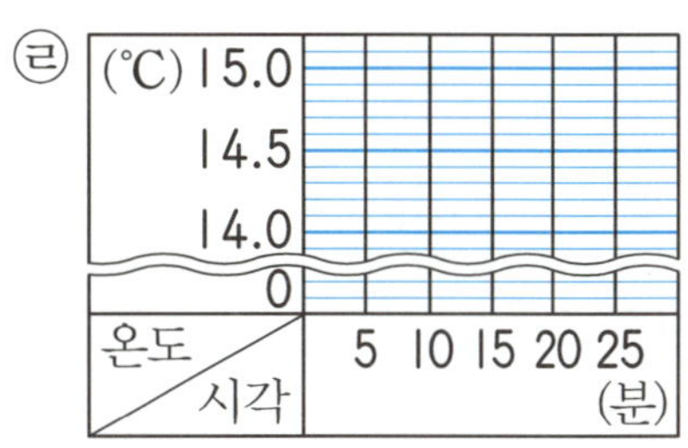

[답]

어느 회사의 제품 생산량을 조사하여 나타낸 꺾은선그래프입니다. 물음에 답하시오. [3~5]

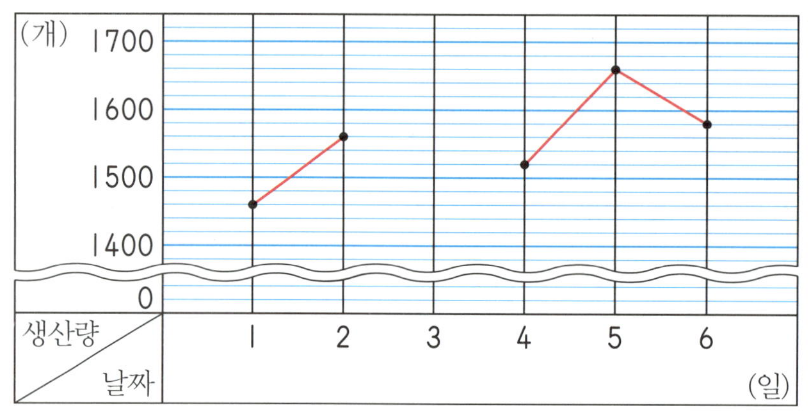

3 이 회사에서 제품을 6일 동안에 9300개 생산하였다고 할 때, 3일에 생산한 제품은 몇 개인지 풀이 과정을 쓰고 답을 구하시오.

[답]

4 꺾은선그래프를 완성하시오.

5 제품 생산량이 가장 많을 때와 가장 적을 때의 두 생산량의 차를 구하시오.

[답]

경시대회 예상문제

다음은 지웅이와 다영이의 수학 성적을 나타낸 꺾은선그래프입니다. 물음에 답하시오. [6~7]

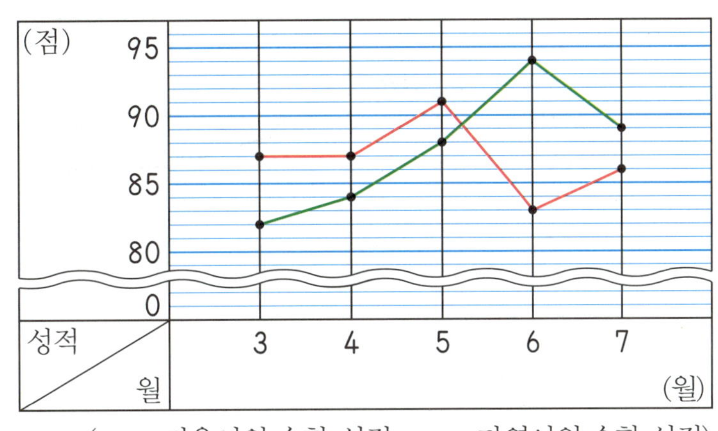

서술형·논술형

6 지웅이와 다영이의 수학 성적의 차가 가장 큰 때는 누구의 점수가 몇 점이 더 높은지 풀이 과정을 쓰고 답을 구하시오.

[답]

7 지웅이의 수학 성적이 전달보다 가장 많이 올랐을 때 다영이의 수학 성적은 어떻게 변하였습니까?

[답]

경시대회 예상문제

🐸 다음은 가 대리점과 나 대리점의 월별 휴대전화 가입자 수를 조사하여 꺾은선그래프로 나타낸 것입니다. 물음에 답하시오. [8~11]

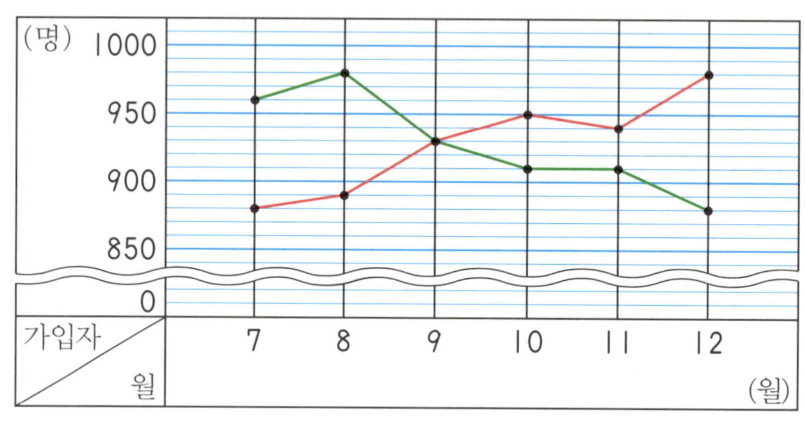

8 가 대리점의 휴대전화 가입자 수는 어떻게 변하였습니까?

[답]

9 휴대전화 가입자 수가 같은 때는 언제입니까?

[답]

10 8월에는 어느 대리점의 휴대전화 가입자 수가 얼마나 더 많습니까?

[답]

11 가 대리점의 휴대전화 가입자 수가 전달보다 가장 많이 줄어든 때에 나 대리점의 휴대전화 가입자 수는 어떻게 변하였습니까?

[답]

H6

H316a ~ H330b

학습 관리표

학습 내용		이번 주는?
규칙 찾기와 문제 해결	• 두 수 사이의 관계 • 두 수 사이의 관계를 식으로 나타내기 • 문제를 해결하고 풀이 과정을 설명하기 • 창의력 학습 • 경시대회 예상문제	• 학습 방법 : ① 매일매일　② 가끔　③ 한꺼번에 　하였습니다. • 학습 태도 : ① 스스로 잘　② 시켜서 억지로 　하였습니다. • 학습 흥미 : ① 재미있게　② 싫증내며 　하였습니다. • 교재 내용 : ① 적합하다고 ② 어렵다고 ③ 쉽다고 　하였습니다.

지도 교사가 부모님께	부모님이 지도 교사께

평가	Ⓐ 아주 잘함	Ⓑ 잘함	Ⓒ 보통	Ⓓ 부족함

원(교)　　　　반　이름　　　　　전화

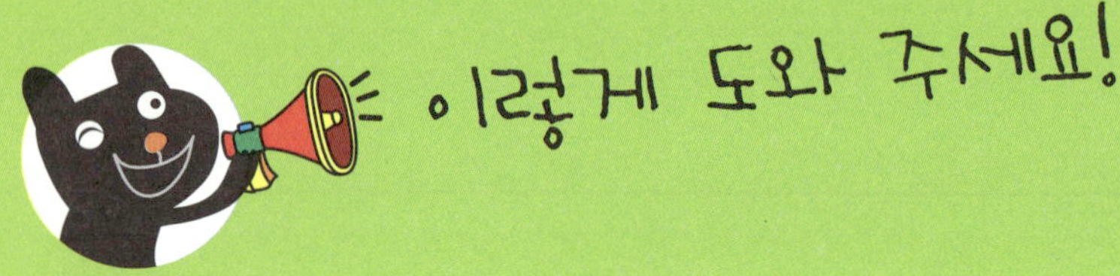

● 학습 목표
- 두 수 사이의 관계를 이해할 수 있습니다.
- 두 수 사이의 관계를 식으로 나타낼 수 있습니다.
- 문제를 해결하고 풀이 과정을 설명할 수 있습니다.
- 단순화하기를 이용하여 문제를 해결할 수 있습니다.
- 논리적 추론으로 문제를 해결할 수 있습니다.

● 지도 내용
- 두 수 사이의 관계를 보고 규칙을 찾게 합니다.
- 두 수 사이의 관계를 □, △를 사용하여 식으로 나타내게 합니다.
- 단순화하기, 논리적 추론, 대응 규칙 찾기 등으로 문제를 해결하게 합니다.
- 여러 가지 방법으로 문제를 해결하고 문제 해결 과정을 설명하게 합니다.

● 지도 요점
모든 영역에 제시된 문제를 포함한 다양한 문제를 해결할 때 이미 학습한 문제 해결 전략에서 적절한 방법을 선택하여 해결할 수 있도록 합니다. 자신이 창의적으로 선택한 해결 방법을 설명할 수 있도록 합니다.

한 문제를 2~3가지 방법으로 해결하게 하여 문제 해결력을 높이고, 다른 사람의 해결 방법과 비교하여 장·단점을 말할 수 있도록 합니다.

간단한 대응표를 통하여 대응을 이해하고, 그 규칙을 설명하게 합니다. 여기에서 취급하는 연산은 덧셈, 뺄셈, 간단한 곱셈, 나눗셈을 활용하도록 합니다. 대응 규칙을 설명하는 것은 정확한 수식을 사용하지 않더라도 말로 설명하는 수준에서 지도합니다. 두 양 사이에서 대응 규칙을 찾아 이를 활용할 수 있게 합니다. 생활 장면에서 대응하여 변하는 간단한 관계를 알아보고, 이 대응을 활용하여 문제를 해결하게 합니다.

◆ 두 수 사이의 관계(1) ◆

나무 막대를 자른 횟수와 나무 도막의 수 사이의 관계를 알아보려고 합니다. 물음에 답하시오. [1~4]

1 나무 막대를 1번 자르면 몇 도막이 됩니까?

[답]

2 나무 막대를 2번 자르면 몇 도막이 됩니까?

[답]

3 빈칸에 알맞은 수를 써넣으시오.

자른 횟수(번)	3	4	5	6	7	8
도막의 수(도막)	4					

4 나무 막대를 자른 횟수와 나무 도막의 수 사이의 관계를 나타낸 것입니다. ☐ 안에 알맞은 수를 써넣으시오.

나무 도막의 수는 나무 막대를 자른 횟수보다 ☐ 큽니다.

🐸 성냥개비로 다음과 같이 삼각형을 만들었습니다. 삼각형의 수와 성냥개비의 수 사이의 관계를 알아보려고 합니다. 물음에 답하시오. [5~8]

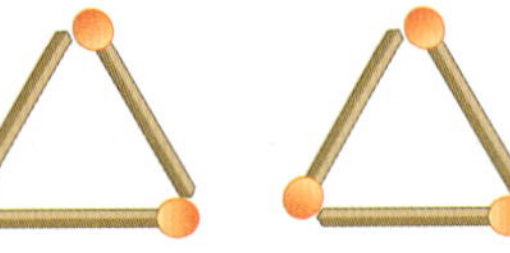 ……

5 삼각형이 2개일 때, 성냥개비는 몇 개입니까?

[답]

6 삼각형이 3개일 때, 성냥개비는 몇 개입니까?

[답]

7 삼각형의 수와 성냥개비의 수 사이의 관계를 나타낸 표입니다. 빈칸에 알맞은 수를 써넣으시오.

삼각형의 수(개)	1	2	3	4	5	6
성냥개비의 수(개)	3					

8 삼각형의 수와 성냥개비의 수 사이의 관계를 나타낸 것입니다. ☐ 안에 알맞은 수를 써넣으시오.

성냥개비의 수는 삼각형의 수의 ☐ 배입니다.

H-317a

★ 이름 :

★ 날짜 :

★ 시간 :　　시　　분 ~ 　　시　　분

◆ **두 수 사이의 관계(2)** ◆

1 자동차 수와 자동차 바퀴 수 사이의 관계를 나타낸 표입니다. 빈칸에 알맞은 수를 써넣으시오.

자동차 수(대)				
바퀴 수(개)	4			

2 오빠의 나이와 가인이의 나이 사이의 관계를 나타낸 표입니다. 빈칸에 알맞은 수를 써넣으시오.

오빠의 나이(살)	8	9	10	11	12	13
가인이의 나이(살)	6	7				

3 오리의 수와 오리 다리의 수 사이의 관계를 나타낸 표입니다. 빈칸에 알맞은 수를 써넣으시오.

오리 수(마리)	1	2	3	4	5	6
오리 다리 수(개)						

4 오각형의 수와 오각형의 변의 수 사이의 관계를 나타낸 표입니다. 빈칸에 알맞은 수를 써넣으시오.

오각형의 수(개)	3	4	5	6	7	8
오각형의 변의 수(개)						

사고력 학습

표를 보고 빈칸에 알맞은 수를 써넣으시오. [5~8]

5

■	1	2	3	4	5	6	7
□	7	8	9				

6

■	6	9	12	15	18	21	24
□	2			5		7	

7

■	3	4	5	6	7	8	9
□	15		25		35		

8

■	12	11	10	9	8	7	6
□	6			3		1	

✿ 이름 :
✿ 날짜 :
✿ 시간 :　　시　　분 ～　　시　　분

◆ 두 수 사이의 관계(3) ◆

표를 완성하고, □ 안에 알맞은 수를 써넣으시오. [1~4]

1

●	1	2		4	5		7
○	6	7	8		10	11	

➡ ○는 ●보다 □ 큽니다.

2

●	4	6	8		12	14	16
○	2	3		5	6		

➡ ○는 ●를 □로 나눈 몫입니다.

3

●	10		12		14	15	16
○	3	4	5	6		8	

➡ ○는 ●보다 □ 작습니다.

4

●	3	4	5		7		9
○	9	12		18	21	24	

➡ ○는 ●의 □ 배입니다.

🐸 빈칸에 알맞은 수를 써넣고, 두 수 사이의 관계를 쓰시오. [5~7]

5

◆	5	6	7	8	9		
◇	12	13			16	17	18

[답]

6

◆	20	30		50	60	70	
◇	2	3	4			7	8

[답]

7

◆	12	13	14		16	17	
◇			5	6	7	8	9

[답]

8 책상 수와 책상 다리 수 사이의 관계를 쓰시오.

[답]

◆ 두 수 사이의 관계를 식으로 나타내기(1) ◆

지연이의 나이가 9살일 때, 오빠의 나이는 13살이었습니다. 지연이의 나이와 오빠의 나이 사이의 관계를 알아보려고 합니다. 물음에 답하시오. [1~4]

1 지연이가 10살이 되면 오빠는 몇 살이 되겠습니까?

[답]

2 지연이가 11살이 되면 오빠는 몇 살이 되겠습니까?

[답]

3 지연이의 나이와 오빠의 나이 사이의 관계를 나타낸 표입니다. 빈칸에 알맞은 수를 써넣으시오.

지연이의 나이(살)	9	10	11	12	13	14
오빠의 나이(살)	13					

4 지연이의 나이를 ■, 오빠의 나이를 ● 라 할 때, ■와 ● 사이의 관계를 식으로 나타내려고 합니다. □ 안에 알맞은 수를 써넣으시오.

$$● = ■ + \boxed{} \quad 또는 \quad ■ = ● - \boxed{}$$

주머니 한 개에 구슬이 5개씩 들어 있습니다. 주머니의 수와 구슬의 수 사이의 관계를 알아보려고 합니다. 물음에 답하시오. [5~9]

5 주머니가 3개일 때, 구슬은 몇 개입니까?

[답]

6 주머니가 5개일 때, 구슬은 몇 개입니까?

[답]

7 주머니의 수와 구슬의 수 사이의 관계를 나타낸 표입니다. 빈칸에 알맞은 수를 써넣으시오.

주머니의 수(개)	1	2	3	4	5	6
구슬의 수(개)	5					

8 주머니의 수와 구슬의 수 사이의 관계를 쓰시오.

[답]

9 주머니의 수를 ■, 구슬의 수를 ● 라 할 때, ■와 ● 사이의 관계를 식으로 나타내시오.

[답]

 사고력 학습

✿ 이름 :

✿ 날짜 :

✿ 시간 :　　시　　분 ~ 　　시　　분

◆ 두 수 사이의 관계를 식으로 나타내기(2) ◆

표를 완성하고, ☐ 안에 알맞은 수를 써넣으시오. [1~4]

1

자른 횟수(회)	1	2	3	4	5	6
도막의 수(도막)	2	3	4			

➡ (자른 횟수)＝(도막의 수)－☐

2

사각형의 수(개)	1	2	3			
꼭짓점의 수(개)	4	8	12	16	20	24

➡ (꼭짓점의 수)＝(사각형의 수)×☐

3

개미의 수(마리)	3	4	5		7	8
개미 다리의 수(개)	18	24		36	42	

➡ (개미의 수)＝(개미 다리의 수)÷☐

4

동생의 나이(살)	7	8	9	10		
형의 나이(살)	9	10		12	13	14

➡ (형의 나이)＝(동생의 나이)＋☐

표를 보고 두 수 사이의 관계를 식으로 나타내시오. [5~8]

5

◈	3	4	5	6	7	8
◇	7	8	9	10	11	12

[답]

6

◈	1	2	3	4	5	6
◇	10	20	30	40	50	60

[답]

7

◈	16	15	14	13	12	11
◇	10	9	8	7	6	5

[답]

8

◈	6	5	4	3	2	1
◇	1	2	3	4	5	6

[답]

이름 :
날짜 :
시간 :　시　분 ~　시　분

확인

◆ 두 수 사이의 관계를 식으로 나타내기(3) ◆

빈칸에 알맞은 수를 써넣고, 두 수 사이의 관계를 식으로 나타내시오. [1~4]

1

●	1	2	3	4	5	6	7
○	9	10	11				

[답]

2

●	10	15	20	25	30	35	40
○	2	3			6		

[답]

3

●	5	6	7	8	9		11
○	10		14		18	20	

[답]

4

●	12	13		15	16	17	
○	6		8	9		11	12

[답]

사고력 학습

5 아버지의 연세는 44살이고, 성우의 나이는 11살입니다. 아버지의 연세를 □, 성우의 나이를 ◇라고 할 때, □와 ◇ 사이의 관계를 식으로 나타내시오.

[답]

6 오징어의 다리 수는 10개입니다. 오징어의 다리 수를 ○, 오징어의 수를 △라고 할 때, ○와 △ 사이의 관계를 식으로 나타내시오.

[답]

7 육각형의 수를 ◉, 육각형의 변의 수를 ◎라고 할 때, ◉와 ◎ 사이의 관계를 식으로 나타내시오.

[답]

8 하루 중 낮의 시간을 ▣, 밤의 시간을 □라고 할 때, ▣와 □ 사이의 관계를 식으로 나타내시오.

[답]

H-322a

✿이름 :

✿날짜 :

✿시간 :　　시　　분~　　시　　분

확인

◆ 문제를 해결하고 풀이 과정을 설명하기(1) ◆

🐸 파란색, 노란색, 초록색 깃발 3개가 있습니다. 순서를 생각하지 않고 깃발을 몇 개 올려서 신호를 보내는 방법은 모두 몇 가지인지 알아보려고 합니다. 물음에 답하시오. [1~5]

1 구하려고 하는 것은 무엇입니까?

[답]

2 깃발을 1개씩 들어 올려서 보내는 신호는 몇 가지입니까?

[답]

3 깃발을 2개씩 들어 올려서 보내는 신호는 몇 가지입니까?

[답]

4 깃발을 3개씩 들어 올려서 보내는 신호는 몇 가지입니까?

[답]

5 깃발 3개 중에서 몇 개를 올려서 신호를 보내는 방법은 모두 몇 가지입니까?

[답]

6 빨간색, 노란색 깃발 2개가 있습니다. 순서를 생각하지 않고 깃발을 몇 개 올려서 신호를 보내는 방법은 모두 몇 가지입니까?

[답]

---

7 노란색, 초록색, 빨간색 전구 3개가 있습니다. 순서를 생각하지 않고 전구에 불을 켜서 신호를 보내는 방법은 모두 몇 가지입니까?

[답]

---

8 파란색, 빨간색, 노란색 색연필이 각각 한 자루씩 있습니다. 색연필 몇 자루를 필통에 넣는 방법은 모두 몇 가지입니까?

[답]

◆ 문제를 해결하고 풀이 과정을 설명하기(2) ◆

다음 숫자 카드를 한 번씩만 사용하여 만들 수 있는 수는 모두 몇 개인지 알아보려고 합니다. 물음에 답하시오. [1~5]

1 구하려고 하는 것은 무엇입니까?

[답]

2 숫자 카드 1개를 사용하여 만들 수 있는 수를 모두 쓰시오.

[답]

3 숫자 카드 2개를 사용하여 만들 수 있는 수를 모두 쓰시오.

[답]

4 숫자 카드 3개를 사용하여 만들 수 있는 수를 모두 쓰시오.

[답]

5 숫자 카드 3개를 한 번씩만 사용하여 만들 수 있는 수는 모두 몇 개입니까?

[답]

6 다음 2개의 숫자 카드를 한 번씩만 사용하여 만들 수 있는 수는 모두 몇 개입니까?

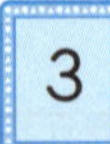 

[답] ____________________

7 다음 3개의 숫자 카드를 한 번씩만 사용하여 만들 수 있는 수는 모두 몇 개입니까?

[답] ____________________

8 다음 3개의 숫자 카드를 한 번씩만 사용하여 만들 수 있는 수는 모두 몇 개입니까?

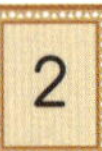  

[답] ____________________

◆ 문제를 해결하고 풀이 과정을 설명하기(3) ◆

🐸 그림은 같은 크기의 평행사변형 6개로 이루어진 모양입니다. 크고 작은 평행사변형은 모두 몇 개인지 알아보려고 합니다. 물음에 답하시오. [1~6]

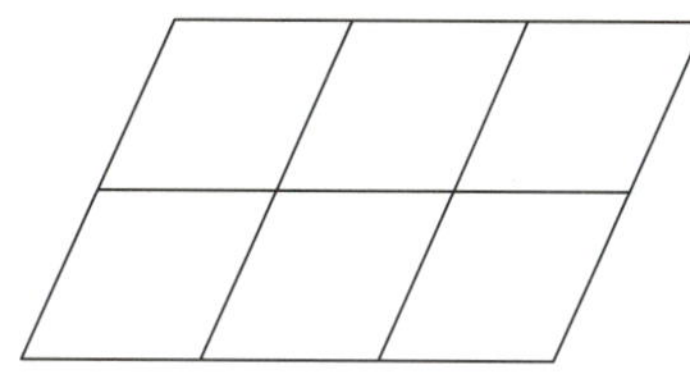

1 작은 평행사변형 1개로 이루어진 평행사변형은 몇 개입니까?

[답]

2 작은 평행사변형 2개로 이루어진 평행사변형은 몇 개입니까?

[답]

3 작은 평행사변형 3개로 이루어진 평행사변형은 몇 개입니까?

[답]

4 작은 평행사변형 4개로 이루어진 평행사변형은 몇 개입니까?

[답]

5 작은 평행사변형 6개로 이루어진 평행사변형은 몇 개입니까?

[답]

6 크고 작은 평행사변형은 모두 몇 개입니까?

[답]

사고력 학습

7 그림은 같은 크기의 정사각형 **8**개로 이루어진 모양입니다. 크고 작은 정사각형은 모두 몇 개입니까?

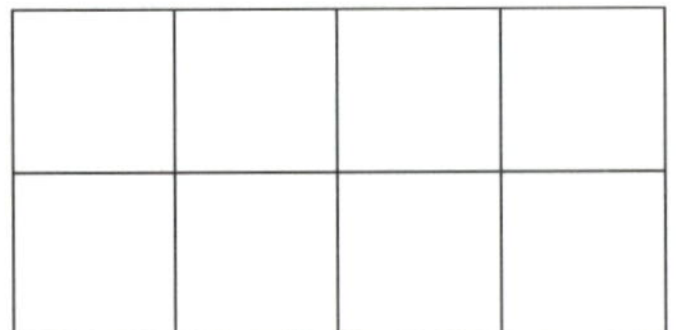

[답]

8 그림은 같은 크기의 정삼각형 **4**개로 이루어진 모양입니다. 크고 작은 사다리꼴은 모두 몇 개입니까?

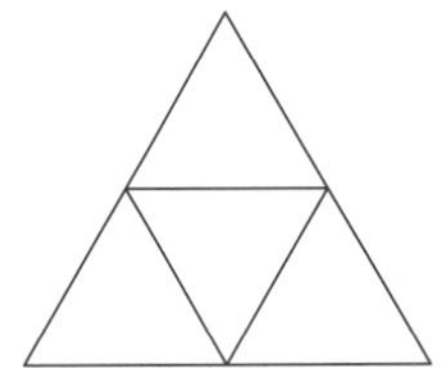

[답]

9 그림은 같은 크기의 정사각형 **6**개로 이루어진 모양입니다. 색칠한 정사각형을 포함하는 크고 작은 직사각형은 모두 몇 개입니까?

[답]

사고력 학습

◆ **문제를 해결하고 풀이 과정을 설명하기(4)** ◆

보기 의 자음과 모음을 한 번씩만 사용하여 만들 수 있는 글자의 수는 모두 몇 개인지 알아보려고 합니다. 물음에 답하시오. [1~5]

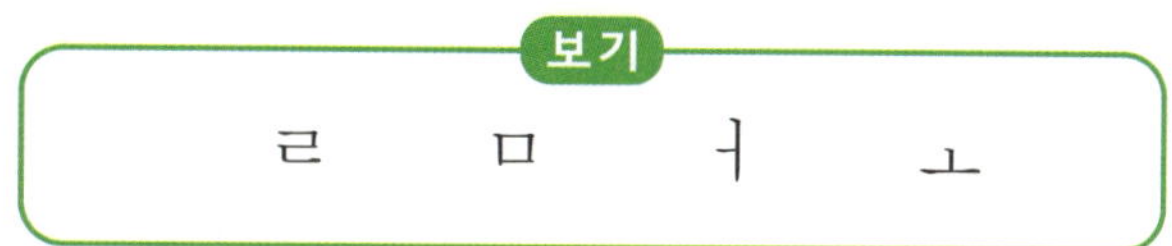

1 받침이 없는 글자를 모두 쓰시오.

[답]

2 받침이 없는 글자는 모두 몇 개입니까?

[답]

3 받침이 있는 글자를 모두 쓰시오.

[답]

4 받침이 있는 글자는 모두 몇 개입니까?

[답]

5 자음과 모음을 한 번씩만 사용하여 만들 수 있는 글자는 모두 몇 개입니까?

[답]

H-325b

자음과 모음을 한 번씩만 사용하여 만들 수 있는 글자의 수는 모두 몇 개인지 구하시오. [6~9]

6

ㄱ	ㄷ	ㅗ

[답]

7

ㄴ	ㄹ	ㅇ	ㅓ

[답]

8

ㅇ	ㅅ	ㅏ	ㅜ

[답]

9

ㅂ	ㅈ	ㅓ	ㅣ

[답]

✿ 이름 :

✿ 날짜 :

✿ 시간 : 시 분 ~ 시 분

확인

◆ **문제를 해결하고 풀이 과정을 설명하기(5)** ◆

🐸 정사각형의 각 변을 2등분하여 작은 정사각형을 만들어 가고 있습니다. 이 규칙을
반복하여 네 번째 그림에서 만들어지는 가장 작은 정사각형은 모두 몇 개인지 알아
보려고 합니다. 물음에 답하시오. [1~4]

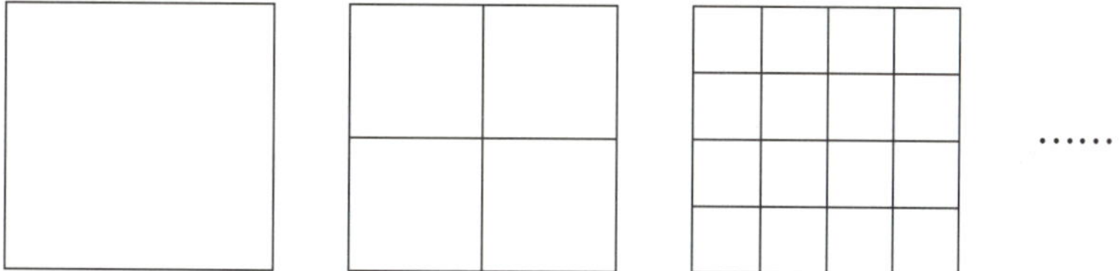

1 두 번째 그림에서 만들어진 가장 작은 정사각형은 모두 몇 개입니까?

[답]

2 세 번째 그림에서 만들어진 가장 작은 정사각형은 모두 몇 개입니까?

[답]

3 네 번째 그림에서 만들어지는 가장 작은 정사각형의 개수를 어떻게 구할 수
있습니까?

[답]

4 네 번째 그림에서 만들어지는 가장 작은 정사각형은 모두 몇 개입니까?

[답]

사고력 학습

5 직사각형의 가로를 3등분하여 작은 직사각형을 만들어 가고 있습니다. 이 규칙을 반복하면 네 번째 그림에서 만들어지는 가장 작은 직사각형은 모두 몇 개입니까?

[답]

6 정삼각형의 각 변을 2등분하여 작은 정삼각형을 만들어 가고 있습니다. 이 규칙을 반복하면 네 번째 그림에서 만들어지는 가장 작은 정삼각형은 모두 몇 개입니까?

[답]

7 한 변이 2cm인 정사각형을 그림과 같이 이어 붙여서 직사각형을 만들어 가고 있습니다. 이 규칙을 반복하면 다섯 번째 그림에서 만들어지는 직사각형의 넓이는 몇 cm^2입니까?

[답]

✿ 이름 :

✿ 날짜 :

✿ 시간 :　　시　　분 ~ 　　시　　분

확인

◆ **문제를 해결하고 풀이 과정을 설명하기(6)** ◆

1 100원짜리, 50원짜리, 10원짜리 동전이 각각 1개씩 있습니다. 순서를 생각하지 않고, 동전을 몇 개 집었을 때의 금액은 모두 몇 가지입니까?

[답]

2 다음 3개의 숫자 카드를 한 번씩만 사용하여 만들 수 있는 수는 모두 몇 개입니까?

[답]

3 그림은 같은 크기의 정사각형 24개로 이루어진 모양입니다. 크고 작은 정사각형은 모두 몇 개입니까?

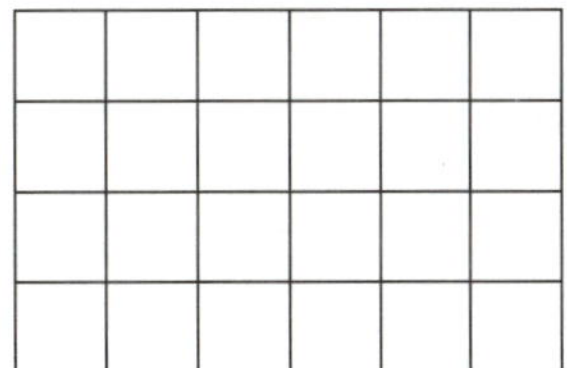

[답]

4 그림은 같은 크기의 정사각형 **9**개로 이루어진 모양입니다. 색칠한 정사각형을 포함하는 크고 작은 직사각형은 모두 몇 개입니까?

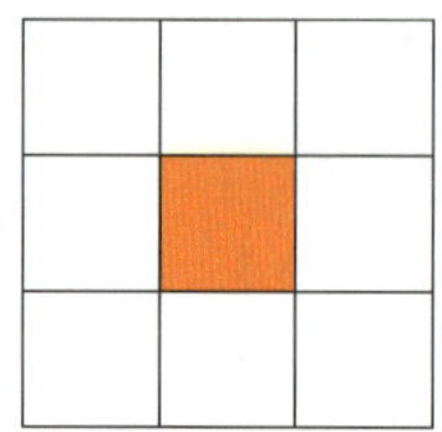

[답] ____________________

5 보기의 자음과 모음을 한 번씩만 사용하여 만들 수 있는 글자의 수는 모두 몇 개입니까?

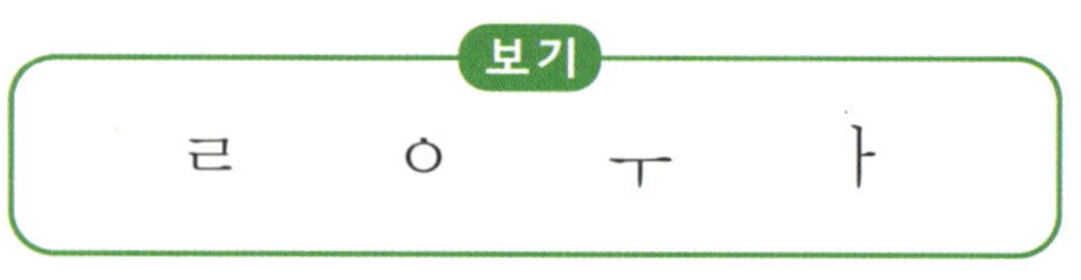

[답] ____________________

6 직사각형의 세로를 **2**등분하여 작은 직사각형을 만들어 가고 있습니다. 이 규칙을 반복하면 다섯 번째 그림에서 만들어지는 가장 작은 직사각형은 모두 몇 개입니까?

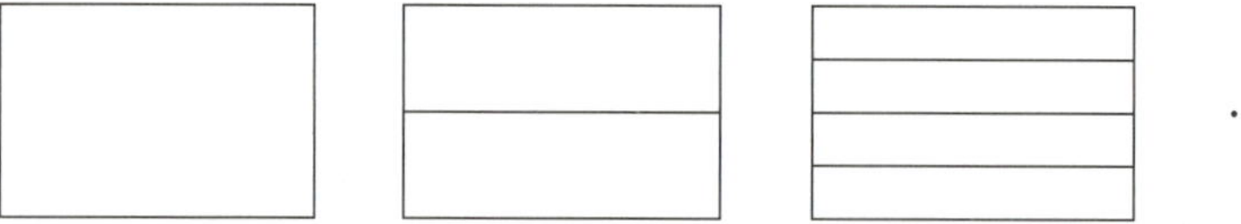

[답] ____________________

✿ 이름 :

✿ 날짜 :

✿ 시간 :　　시　　분 ~ 　시　　분

확인

 창의력 학습

나무를 한 번 자르는 데 열심 나무꾼은 4분이 걸리고, 성실 나무꾼은 7분이 걸립니다. 똑같은 나무를 열심 나무꾼은 10도막을 내고, 성실 나무꾼은 6도막을 내려고 합니다. 두 나무꾼 중에서 어느 나무꾼이 몇 분 더 빨리 나무를 자르겠습니까?

[답]

웅이네 가족이 모두 같이 찍은 사진 2장입니다. 사진을 보고 사진 속의 각 나이를 □ 안에 써넣으시오.

H-329a

✿ 이름 :

✿ 날짜 :

✿ 시간 :　시　분 ～　시　분

✚ 경시대회 예상문제

🐸 표를 보고 물음에 답하시오. [1~3]

□	19	17	15	13	11	9
○	28	26	24	22	20	18

1 □와 ○ 사이의 관계를 식으로 나타내시오.

[답]

2 □의 값이 32일 때, ○의 값을 구하시오.

[답]

3 ○의 값이 32일 때, □의 값을 구하시오.

[답]

4 희연이의 나이가 10살일 때, 아버지의 연세는 40살입니다. 희연이의 나이를 ◎, 아버지의 연세를 ◇라고 했을 때, ◎와 ◇ 사이의 관계를 바르게 나타낸 것을 모두 고르시오. (　　　　　　)

① $◎ = ◇ + 30$　　② $◇ = ◎ + 30$　　③ $◎ = ◇ - 30$

④ $◇ = 4 × ◎$　　⑤ $◎ = ◇ ÷ 4$

🐸 다음과 같이 누름 못을 사용하여 도화지를 게시판에 붙이려고 합니다. 물음에 답하시오. [5~6]

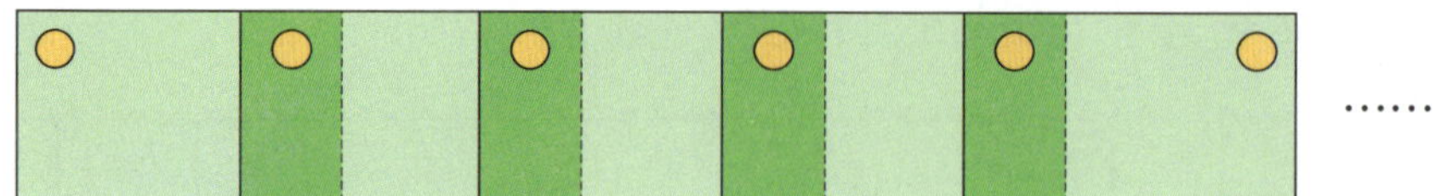

5 누름 못의 수를 ■, 도화지의 수를 ▲라고 할 때, ■와 ▲ 사이의 관계를 식으로 나타내시오.

[답]

6 도화지 9장을 게시판에 붙이려면 누름 못은 몇 개가 필요합니까?

[답]

🐸 그림과 같이 성냥개비로 정사각형을 만들려고 합니다. 물음에 답하시오. [7~8]

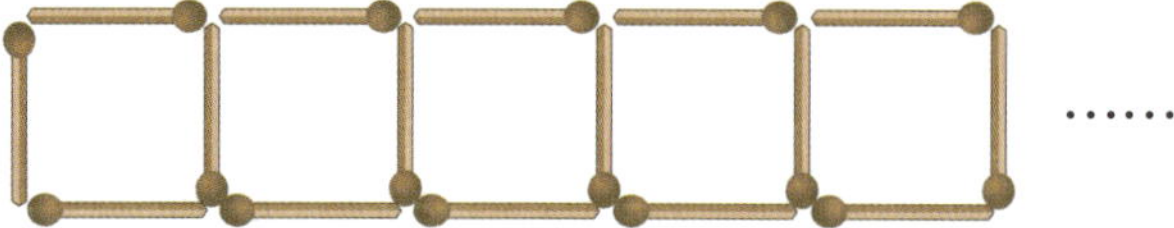

7 정사각형의 수를 ●, 성냥개비의 수를 ◆라고 할 때, ●와 ◆ 사이의 관계를 식으로 나타내시오.

[답]

8 성냥개비 37개로 만들 수 있는 정사각형은 몇 개입니까?

[답]

9 빨간색, 노란색, 초록색, 보라색 깃발 4개가 있습니다. 순서를 생각하지 않고 깃발을 몇 개 올려서 신호를 보내는 방법은 모두 몇 가지입니까?

[답] ______________________

10 그림은 같은 크기의 정삼각형 16개로 이루어진 모양입니다. 색칠한 정삼각형을 포함하는 크고 작은 정삼각형은 모두 몇 개입니까?

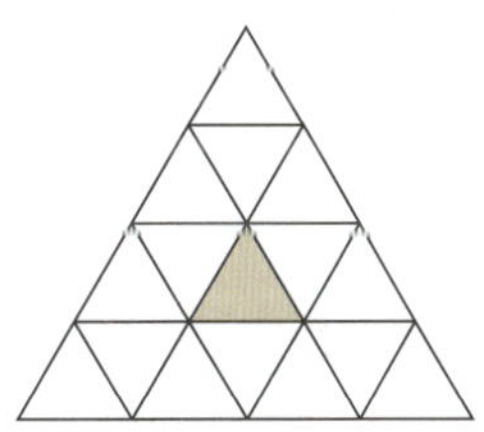

[답] ______________________

11 다음 4개의 숫자 카드를 한 번씩만 사용하여 만들 수 있는 수는 모두 몇 개입니까?

 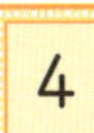  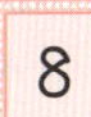

[답] ______________________

서술형·논술형

12 4인용 탁자를 그림과 같이 한 줄로 이어 붙여서 **28**명이 앉으려고 합니다. 4인용 탁자는 모두 몇 개 필요한지 풀이 과정을 쓰고 답을 구하시오.

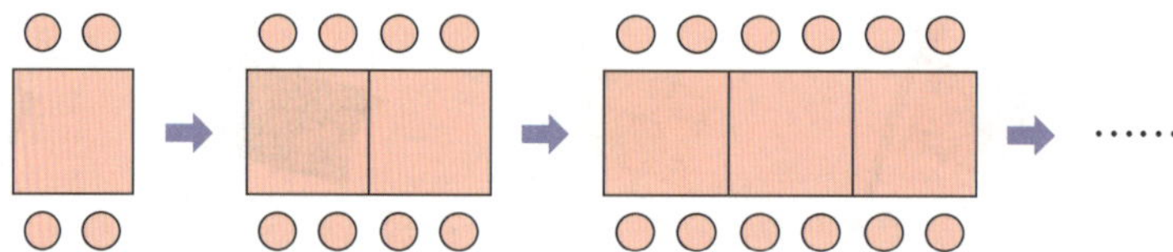

[답]

서술형·논술형

13 정사각형의 각 변의 중점을 이어 작은 정사각형을 만들어 가고 있습니다. 가장 큰 정사각형의 한 변이 **16cm**일 때, 다섯 번째 그림에서 만들어지는 가장 작은 정사각형의 넓이는 몇 cm^2인지 풀이 과정을 쓰고 답을 구하시오.

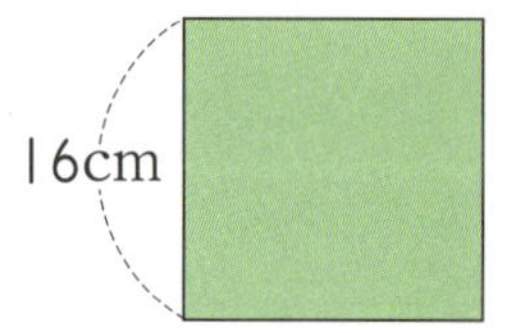

[답]

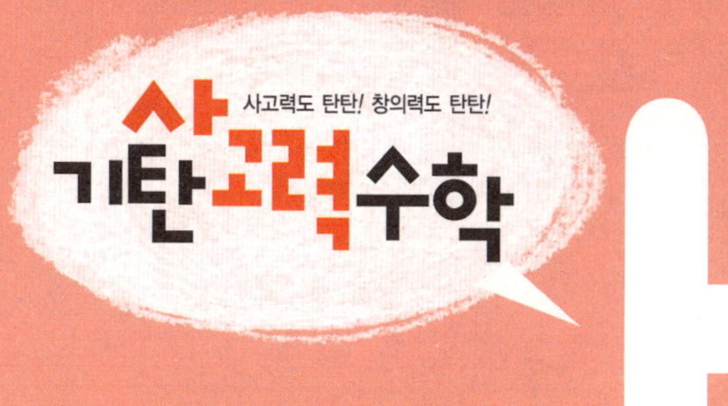

학습 관리표

학습 내용		이번 주는?
확인 학습	• 꺾은선그래프 • 규칙 찾기와 문제 해결 • 창의력 학습 • 경시대회 예상문제	• 학습 방법 : ① 매일매일　② 가끔　③ 한꺼번에 　　　　　　하였습니다. • 학습 태도 : ① 스스로 잘　② 시켜서 억지로 　　　　　　하였습니다. • 학습 흥미 : ① 재미있게　② 싫증내며 　　　　　　하였습니다. • 교재 내용 : ① 적합하다고 ② 어렵다고 ③ 쉽다고 　　　　　　하였습니다.
지도 교사가 부모님께		**부모님이 지도 교사께**
평가	Ⓐ 아주 잘함　　Ⓑ 잘함　　Ⓒ 보통　　Ⓓ 부족함	

원(교)　　　　　반　　이름　　　　　전화

기초부터 탄탄하게
G 기탄교육
www.gitan.co.kr / (02)586-1007(대)

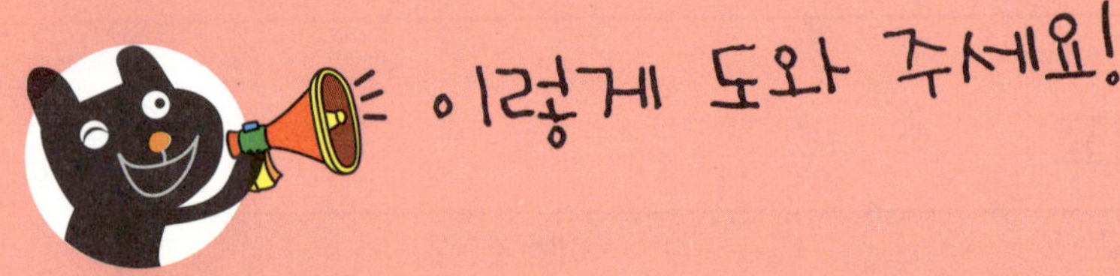

● 학습 목표
– 꺾은선그래프의 특징을 이해하고 꺾은선그래프를 그릴 수 있습니다.
– 물결선을 사용한 꺾은선그래프의 필요성을 알고 물결선을 사용한 꺾은선그래프를 그릴 수 있습니다.
– 꺾은선그래프를 보고 여러 가지 통계적 사실을 알 수 있습니다.
– 두 수 사이의 관계를 이해하고 식으로 나타낼 수 있습니다.
– 문제를 해결하고 풀이 과정을 설명할 수 있습니다.

● 지도 내용
– 꺾은선그래프의 특징을 알고 꺾은선그래프를 그려 보게 합니다.
– 물결선을 사용한 꺾은선그래프의 필요성을 알고 물결선을 사용한 꺾은선그래프를 그려 보게 합니다.
– 꺾은선그래프를 보고 내용을 해석하고, 자료의 변화를 예측하게 합니다.
– 두 수 사이의 관계를 보고 규칙을 찾고, □, △를 사용하여 식으로 나타내게 합니다.
– 여러 가지 방법으로 문제를 해결하고 문제 해결 과정을 설명하게 합니다.

● 지도 요점
앞에서 학습한 꺾은선그래프, 규칙 찾기와 문제 해결 단원을 총정리하는 주입니다. 여러 유형의 문제를 접해 보게 함으로써 학습한 지식을 응용할 수 있도록 지도해 주십시오. 그리고 종료 테스트를 이용하여 주어진 시간 내에 모든 문제를 푸는 연습을 하도록 해 주십시오.

이름 :

날짜 :

시간 :　　시　　분 ～　　시　　분

확인

◆ 꺾은선그래프(1) ◆

형주네 학교 운동장의 온도를 조사하여 나타낸 꺾은선그래프입니다. 물음에 답하시오. [1~3]

운동장의 온도

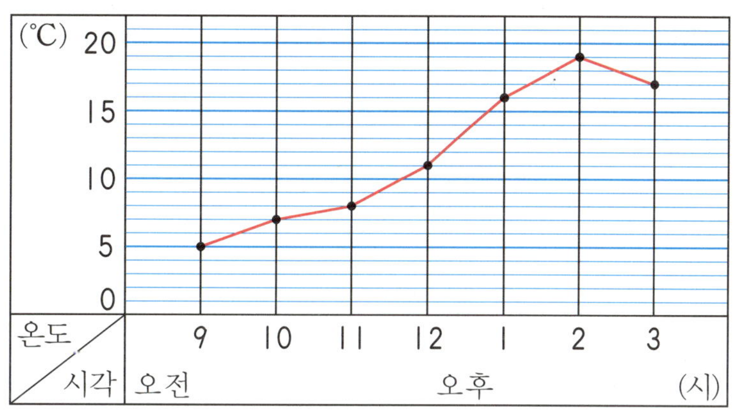

1 가로 눈금과 세로 눈금은 각각 무엇을 나타냅니까?

　가로 눈금 ______________________ , 세로 눈금 ______________________

2 세로 눈금 한 칸의 크기는 몇 도입니까?

[답] ______________________

3 오후 1시의 온도는 몇 도입니까?

[답] ______________________

확인 학습

어느 공장의 월별 장난감 생산량을 조사하여 나타낸 표입니다. 물음에 답하시오.

[4~6]

장난감 생산량

월	3	4	5	6	7	8
생산량 (개)	1120	1030	1060	1160	1120	1180

4 그래프를 그리는 데 꼭 필요한 생산량은 몇 개부터 몇 개까지입니까?

부터 _____________ 까지

5 세로 눈금 한 칸의 크기는 얼마로 하는 것이 좋겠습니까?

[답]

6 표를 보고 물결선을 사용한 꺾은선그래프를 그리시오.

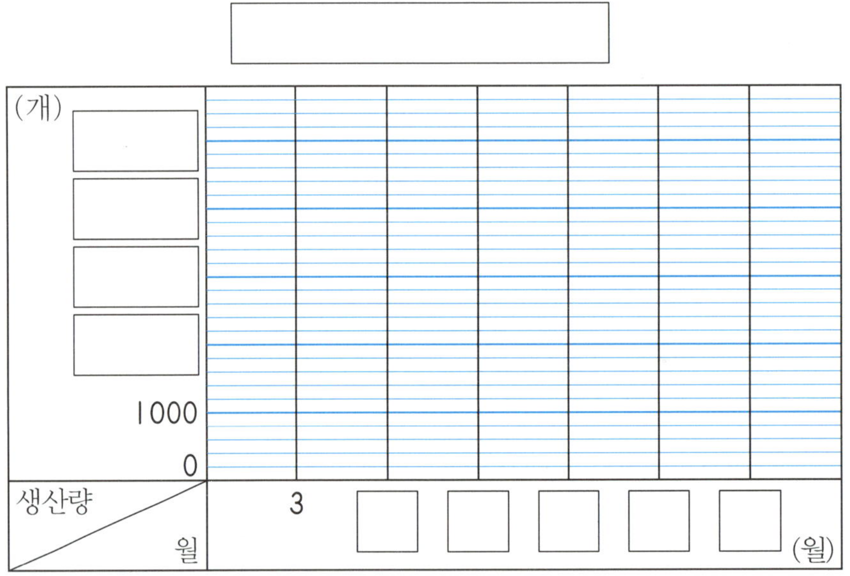

식물의 키를 매월 1일 조사하여 나타낸 표입니다. 물음에 답하시오. [7~9]

식물의 키

월	3	4	5	6	7
키(cm)	4	9	16	21	25

7 식물의 키를 그래프로 나타내려면 막대그래프와 꺾은선그래프 중에서 어떤 그래프로 나타내는 것이 좋겠습니까?

[답]

8 표를 보고 식물의 키를 알맞은 그래프로 나타내시오.

식물의 키

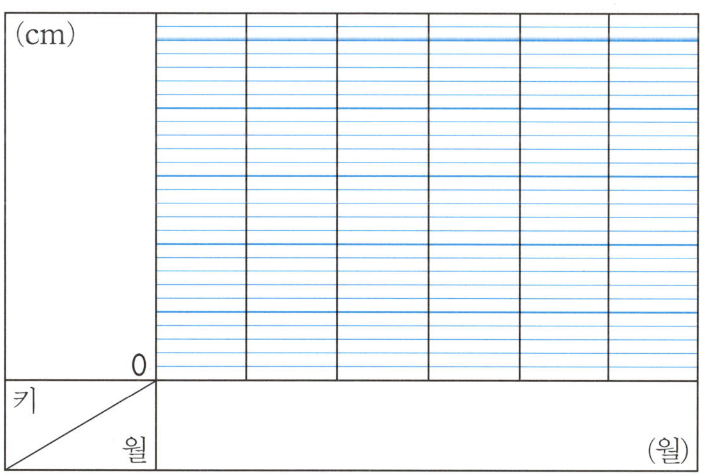

9 식물의 키를 8의 그래프로 그린 이유는 무엇입니까?

[답]

어느 과수원의 사과 생산량을 조사하여 꺾은선그래프로 나타내었습니다. 물음에 답하시오. [10~12]

사과 생산량

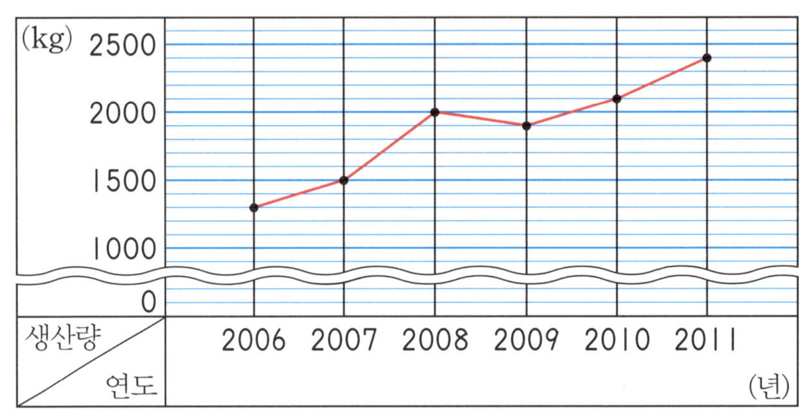

10 이 과수원의 사과 생산량은 어떻게 변하였습니까?

[답]

11 2008년의 사과 생산량은 2007년의 사과 생산량보다 몇 kg 늘어났습니까?

[답]

12 2012년에 이 과수원의 사과 생산량은 어떻게 될 것이라고 예상합니까?

[답]

 확인 학습

✹ 이름 :
✹ 날짜 :
✹ 시간 :　　시　분 ~ 　시　분

확인

◆ **꺾은선그래프(2)** ◆

🐸 어느 컴퓨터 가게의 월별 컴퓨터 판매량을 조사하여 나타낸 꺾은선그래프입니다. 물음에 답하시오. [1~3]

컴퓨터 판매량

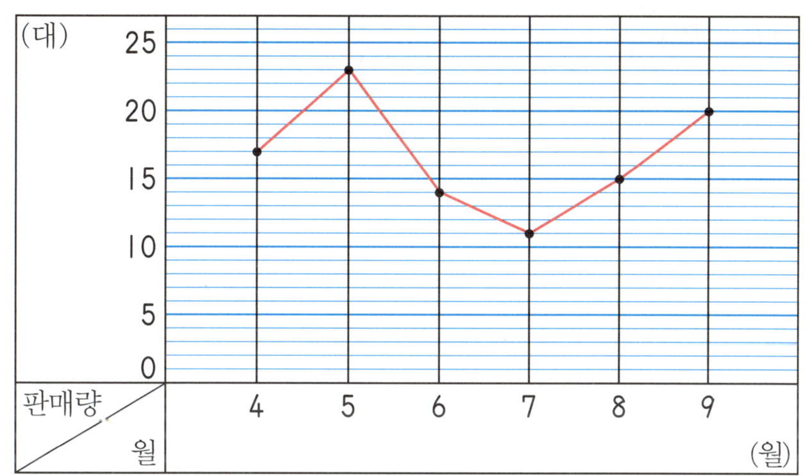

1 세로 눈금 한 칸의 크기는 몇 대입니까?

[답]

2 꺾은선그래프를 보고 표의 빈칸에 알맞은 수를 써넣으시오.

컴퓨터 판매량

월	4	5	6	7	8	9
판매량 (대)						

3 컴퓨터 판매량이 가장 적은 때는 몇 월입니까?

[답]

확인 학습

수진이네 거실의 온도를 5일 동안 오후 2시에 조사하여 나타낸 표입니다. 물음에 답하시오. [4~6]

거실의 온도

날짜 (일)	1	2	3	4	5
온도(℃)	18.4	17.6	18.8	19.3	18.1

4 그래프를 그리는 데 꼭 필요한 온도는 몇 도부터 몇 도까지입니까?

_______________ 부터 _______________ 까지

5 표를 보고 물결선을 사용한 꺾은선그래프를 그리시오.

거실의 온도

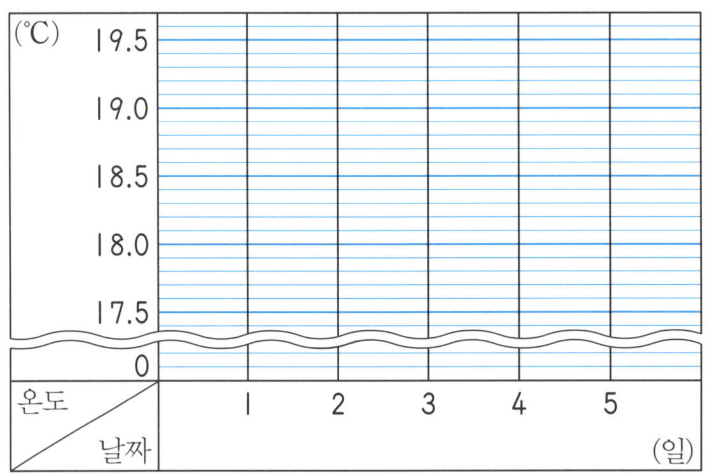

6 거실의 온도가 전날에 비해 가장 많이 떨어진 때는 언제입니까?

[답]

확인 학습

7 꺾은선그래프로 나타내면 좋은 것을 모두 찾아 기호를 쓰시오.

> ㉠ 어느 도시의 연도별 인구수
> ㉡ 좋아하는 계절별 학생 수
> ㉢ 시각별 교실의 온도 변화

[답]

8 2007년부터 2011년까지 성현이네 마을의 인구수를 조사하여 나타낸 표입니다. 빈칸에 인구수를 반올림하여 십의 자리까지 나타낸 수를 써넣고, 반올림한 인구수를 알맞은 그래프로 나타내시오.

마을 인구수

연도(년)	2007	2008	2009	2010	2011
인구수(명)	483	516	459	477	432
반올림한 수					

마을 인구수

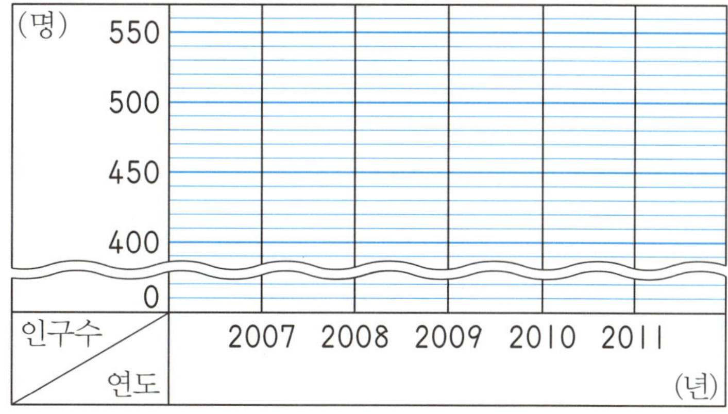

어느 지역에서 태어난 신생아 수를 조사하여 나타낸 꺾은선그래프입니다. 물음에 답하시오. [9~11]

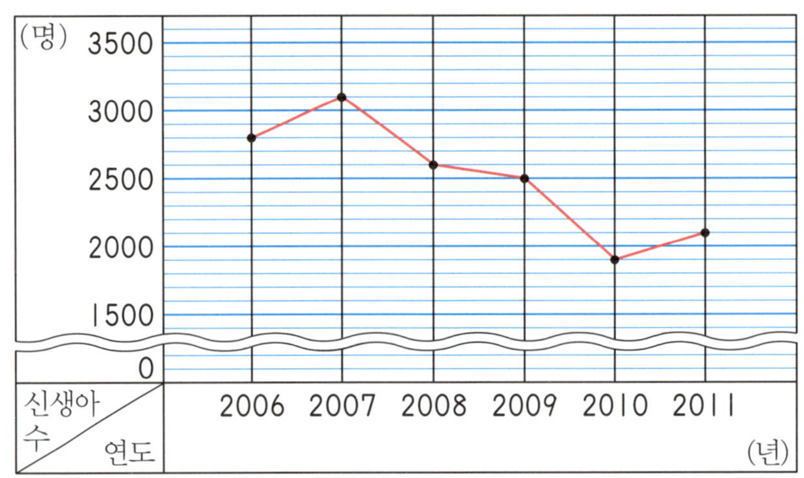

9 이 지역에서 태어난 신생아 수는 어떻게 변하였습니까?

[답]

10 신생아 수가 전년도에 비해 가장 많이 감소한 해는 언제입니까?

[답]

11 2012년에 태어나는 신생아 수는 어떻게 될 것이라고 예상합니까?

[답]

확인 학습

H-335a

* 이름 :
* 날짜 :
* 시간 :　　　시　　분 ~　　　시　　분

확인

◆ **꺾은선그래프(3)** ◆

1 지창이의 턱걸이 기록을 나타낸 표를 보고 꺾은선그래프를 그려 보시오.

지창이의 턱걸이 기록

날짜(일)	기록(회)
4	3
5	6
6	5
7	12
8	8

지창이의 턱걸이 기록

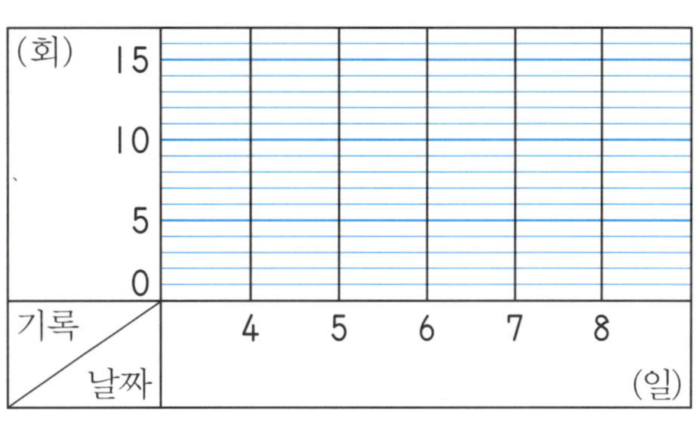

2 다음은 선희네 교실의 온도를 매시각 조사하여 나타낸 꺾은선그래프입니다. 오후 1시 30분의 교실의 온도는 몇 도쯤 됩니까?

교실의 온도

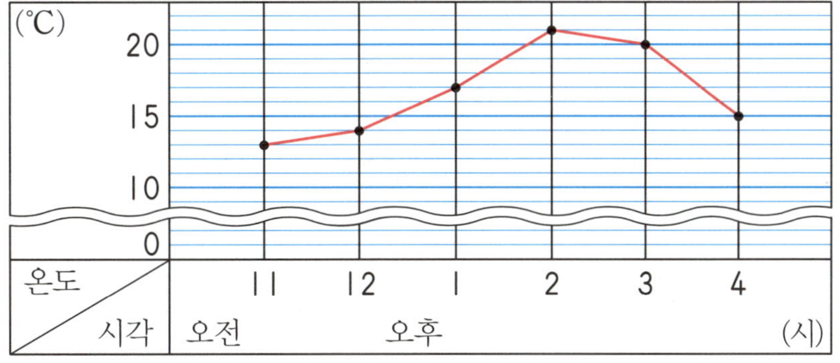

[답]

확인 학습 

하진이의 윗몸 일으키기 기록을 일주일 동안 조사하여 나타낸 꺾은선그래프입니다. 물음에 답하시오. [3~6]

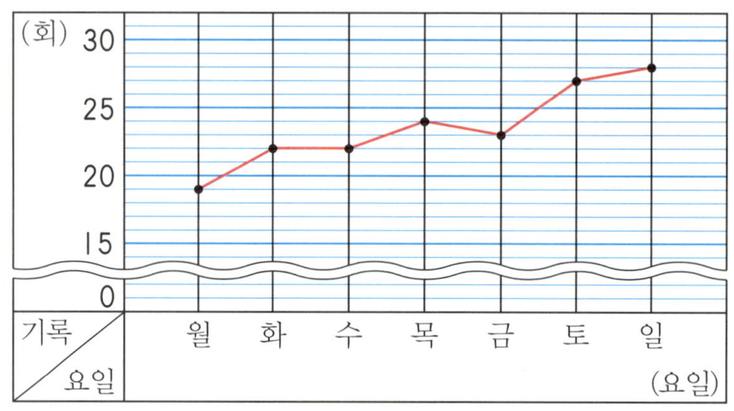

3 월요일의 윗몸 일으키기 기록은 몇 회입니까?

[답]

4 전날에 비해 윗몸 일으키기 기록의 변화가 없었던 요일은 언제입니까?

[답]

5 전날에 비해 윗몸 일으키기 기록의 변화가 가장 큰 요일은 언제입니까?

[답]

6 일요일의 윗몸 일으키기 기록은 월요일의 윗몸 일으키기 기록보다 얼마나 늘었습니까?

[답]

확인 학습

7 막대그래프와 꺾은선그래프 중에서 어떤 그래프로 나타내면 자료를 잘 나타낼 수 있는지 쓰시오.

(1) 우리 마을의 연도별 인구수의 변화　　　[답] ________________________

(2) 우리 반 학생들이 좋아하는 과일　　　[답] ________________________

어느 지역의 연도별 강수량을 조사하여 나타낸 꺾은선그래프입니다. 물음에 답하시오. [8~9]

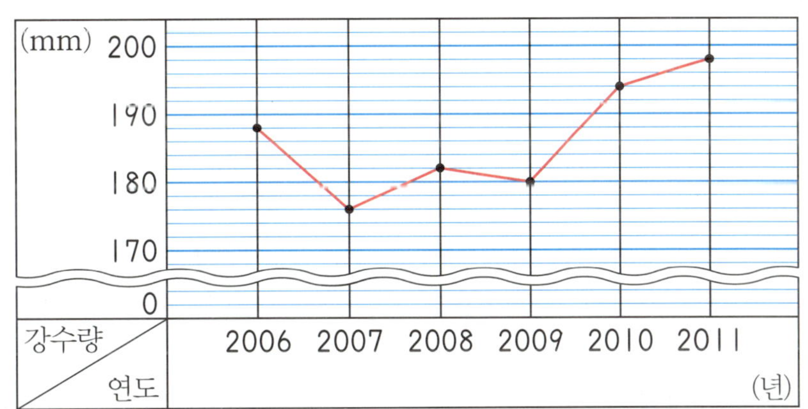

8 강수량의 변화가 가장 큰 때는 몇 년과 몇 년 사이입니까?

[답] ________________________

9 강수량이 가장 많았던 때와 가장 적었던 때의 차는 몇 mm입니까?

[답] ________________________

성수와 혜지의 몸무게를 매년 3월 1일에 조사하여 나타낸 꺾은선그래프입니다. 물음에 답하시오. [10~12]

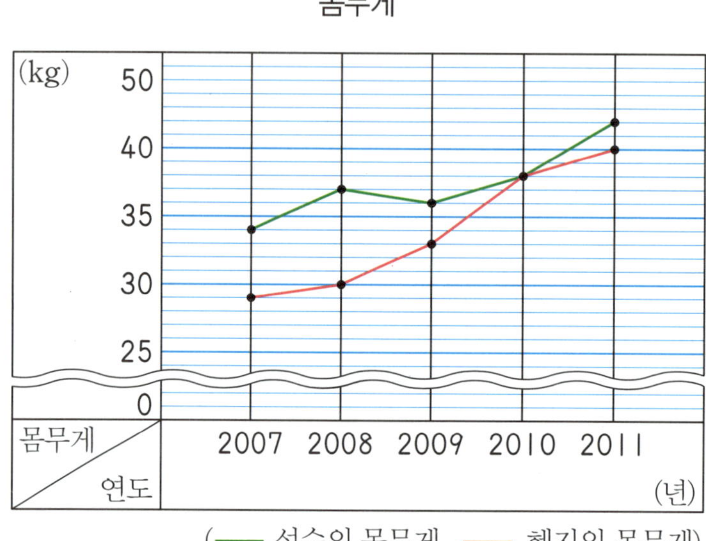

10 성수와 혜지의 몸무게가 같은 해는 언제입니까?

[답]

11 성수와 혜지의 몸무게의 차가 가장 큰 해는 언제입니까?

[답]

12 성수의 몸무게가 전년도에 비해 줄어든 해에 지혜의 몸무게는 전년도에 비해 어떻게 변하였습니까?

[답]

확인 학습

이름 :

날짜 :

시간 :　　　시　　　분 ~ 　　　시　　　분

확인

◆ 규칙 찾기와 문제 해결(1) ◆

1 ○는 △보다 2 큽니다. 빈칸에 알맞은 수를 써넣으시오.

○	7	8	9	10	11	12	13
△							

2 삼각형의 수와 꼭짓점의 수 사이의 관계를 나타낸 표입니다. 빈칸에 알맞은 수를 써넣으시오.

삼각형의 수(개)	1	2	3	4	5	6
꼭짓점의 수(개)	3					

빈칸에 알맞은 수를 써넣고, 두 수 사이의 관계를 쓰시오. [3~4]

3

●	1	2	3	4	5	6	7
○	6	7	8				

[답]

4

●	12	16	20			32	36
○	3		5	6	7	8	

[답]

5 색 테이프를 자른 횟수와 도막의 수 사이의 관계를 식으로 나타내시오.

자른 횟수(번)	1	2	3	4	5	6
도막의 수(개)	2	3	4	5	6	7

[답]

빈칸에 알맞은 수를 써넣고, 두 수 사이의 관계를 식으로 나타내시오. [6~7]

6

◈	8	9	10	11	12	13	14
■	15	16			19		

[답]

7

◈	6	9	12	15		21	24
■	2		4	5	6		

[답]

8 한 봉지에 감이 5개씩 들어 있습니다. 감의 수를 ◉, 봉지의 수를 ◎라고 할 때, ◉와 ◎ 사이의 관계를 식으로 나타내시오.

[답]

 확인 학습

9 오른쪽 숫자 카드를 한 번씩만 사용하여 만들 수 있는 수는 모두 몇 개인지 알아보려고 합니다. 물음에 답하시오.  

(1) 숫자 카드를 한 번씩만 사용하며 만들 수 있는 수를 모두 쓰시오.

[답] ______________________

(2) 숫자 카드를 한 번씩만 사용하여 만들 수 있는 수는 모두 몇 개입니까?

[답] ______________________

10 노란색, 파란색, 주황색 깃발 3개가 있습니다. 순서를 생각하지 않고 깃발을 몇 개 올려서 신호를 보내는 방법은 모두 몇 가지인지 알아보려고 합니다. 물음에 답하시오.

(1) 깃발을 1개, 2개, 3개를 들어 올려서 신호를 보내는 방법은 각각 몇 가지인지 구하시오.

1개 ______________, 2개 ______________, 3개 ______________

(2) 깃발 3개 중에서 몇 개를 올려서 신호를 보내는 방법은 모두 몇 가지 입니까?

[답] ______________________

11 오른쪽 그림은 같은 크기의 정사각형 **9**개로 이루어진 모양입니다. 크고 작은 정사각형은 모두 몇 개인지 구하려고 합니다. 물음에 답하시오.

(1) 작은 정사각형 **1**개, **4**개, **9**개로 이루어진 정사각형은 각각 몇 개인지 구하시오.

　1개 _______________, **4**개 _______________, **9**개 _______________

(2) 크고 작은 정사각형은 모두 몇 개입니까?

　　　　　　　　　[답] _______________

12 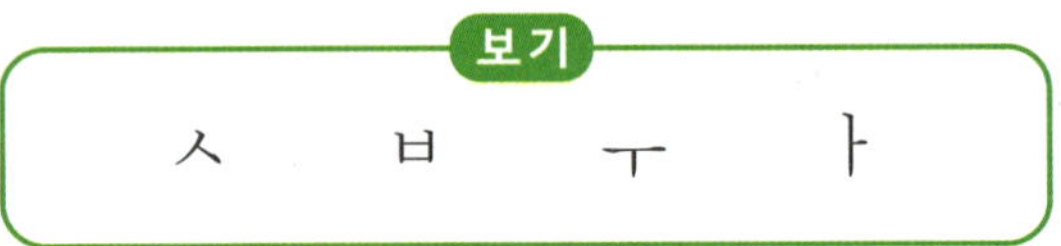의 자음과 모음을 한 번씩만 사용하여 만들 수 있는 글자의 수는 모두 몇 개인지 알아보려고 합니다. 물음에 답하시오.

보기

ㅅ　ㅂ　ㅜ　ㅏ

(1) 받침이 없는 글자를 모두 쓰시오.

　　　　　　　　　[답] _______________

(2) 받침이 있는 글자를 모두 쓰시오.

　　　　　　　　　[답] _______________

(3) 만들 수 있는 글자의 수는 모두 몇 개입니까?

　　　　　　　　　[답] _______________

 확인 학습

◆ 규칙 찾기와 문제 해결(2) ◆

1 연도별 미림이의 나이를 나타낸 표입니다. 빈칸에 알맞은 수를 써넣으시오.

연도(년)	2009	2010	2011	2012	2013	2014	2015
나이(살)				11			

2 표를 보고 ★와 ☆ 사이의 관계를 쓰시오.

★	4	5	6	7	8	9	10
☆	8	10	12	14	16	18	20

[답]

 빈칸에 알맞은 수를 써넣고, 두 수 사이의 관계를 쓰시오. [3~4]

3

◆	2	3	4	5	6		8
◇	8	9		11		13	

[답]

4

◆	25	30	35	40		50	
◇	5	6			9	10	11

[답]

빈칸에 알맞은 수를 써넣고, 두 수 사이의 관계를 식으로 나타내시오. [5~6]

5

○	1		3	4		6	7
□	7	14	21		35	42	

[답]

6

○	25	24		22	21	20	19
□		6	5	4		2	

[답]

7 표를 보고 ▲가 25일 때, △의 값을 구하시오.

▲	5	6	7	8	9	10	11
△	14	15	16	17	18	19	20

[답]

8 꽃병에 꽃이 6송이씩 꽂혀 있습니다. 꽃병의 수를 ◉, 꽃의 수를 ◎라고 할 때, ◉와 ◎ 사이의 관계를 식으로 나타내시오.

[답]

확인 학습

9 다음 숫자 카드를 한 번씩만 사용하여 만들 수 있는 수는 모두 몇 개입니까?

[답]

10 500원짜리, 100원짜리, 50원짜리 동전이 각각 1개씩 있습니다. 이 중에서 몇 개를 골라서 저금통에 넣으려고 합니다. 순서를 생각하지 않고, 저금통에 동전을 넣는 금액은 모두 몇 가지입니까?

[답]

11 그림은 같은 크기의 정삼각형 8개로 이루어진 모양입니다. 크고 작은 평행사변형은 모두 몇 개입니까?

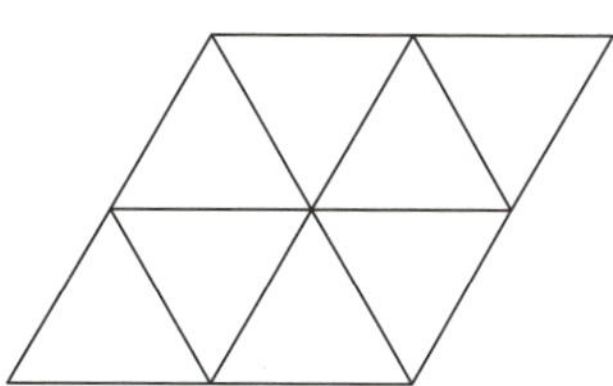

[답]

12 그림은 같은 크기의 정사각형 7개로 이루어진 모양입니다. 색칠한 정사각형을 포함하는 크고 작은 직사각형은 모두 몇 개입니까?

[답]

13 보기 의 자음과 모음을 한 번씩만 사용하여 만들 수 있는 글자의 수는 모두 몇 개입니까?

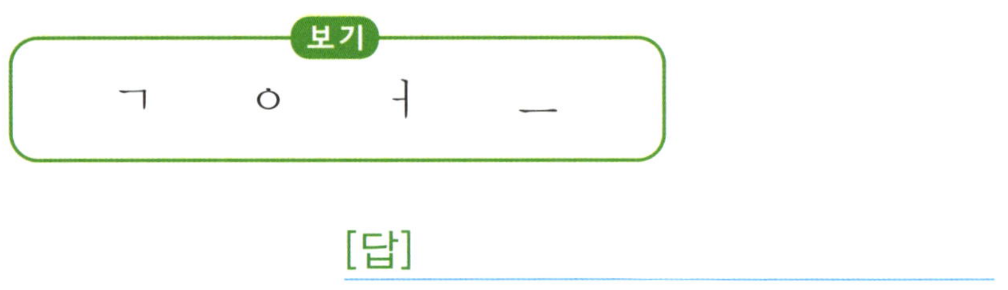

[답]

14 한 변이 3cm인 정삼각형을 그림과 같이 이어 붙여서 도형을 만들어 가고 있습니다. 이 규칙을 반복하면 네 번째 그림에서 만들어지는 도형의 둘레는 몇 cm입니까?

 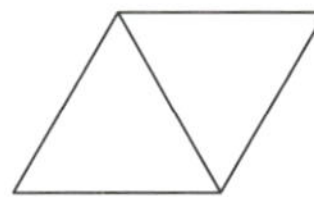 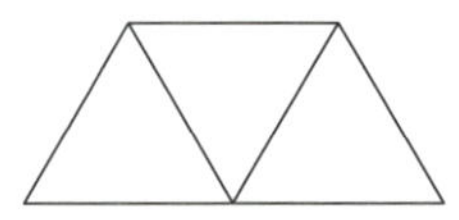 ……

[답]

H-341a

✿ 이름 :

✿ 날짜 :

✿ 시간 :　　시　　분 ~ 　　시　　분

◆ **규칙 찾기와 문제 해결(3)** ◆

1 서울과 방콕의 같은 날의 시각을 나타낸 표입니다. 빈칸에 알맞은 시각을 써 넣으시오.

서울	오전 10시	오전 11시	낮 12시	오후 1시	오후 2시	오후 3시
방콕	오전 8시				낮 12시	

빈칸에 알맞은 수를 써넣고, 두 수 사이의 관계를 쓰시오. [2~3]

2

▲	4	5	6		8		10
△	8		12	14	16	18	

[답] ______________________________

3

▲	49	36	25		9	4	
△	7		5	4	3		1

[답] ______________________________

4 개미의 수와 개미 다리의 수 사이의 관계를 쓰시오.

[답] ______________________________

🐸 빈칸에 알맞은 수를 써넣고, 두 수 사이의 관계를 식으로 나타내시오. [5~6]

5

■	4	6	8			14	16
●	2	3	4	5	6		

[답] ________________________

6

■	7		9	10	11		13
●	12	13	14		16	17	

[답] ________________________

🐸 그림과 같이 누름 못을 사용하여 도화지를 게시판에 붙이려고 합니다. 물음에 답하시오. [7~8]

7 도화지의 수를 ◆, 누름 못의 수를 ▲라고 할 때, ◆와 ▲ 사이의 관계를 식으로 나타내시오.

[답] ________________________

8 도화지 13장을 게시판에 붙이려면 누름 못은 몇 개 필요합니까?

[답] ________________________

확인 학습

9 초록색, 보라색, 빨간색 깃발 3개가 있습니다. 순서를 생각하지 않고 깃발을 몇 개 올려서 신호를 보내는 방법은 모두 몇 가지입니까?

[답]

10 꽃 2송이와 서로 다른 모양의 꽃병 2개가 있습니다. 꽃 2송이를 꽃병에 꽂는 방법은 모두 몇 가지입니까?

[답]

11 그림은 같은 크기의 직사각형 6개로 이루어진 모양입니다. 크고 작은 직사각형은 모두 몇 개입니까?

[답]

12 그림은 같은 크기의 정사각형 15개로 이루어진 모양입니다. 색칠한 정사각형을 포함하는 크고 작은 정사각형은 모두 몇 개입니까?

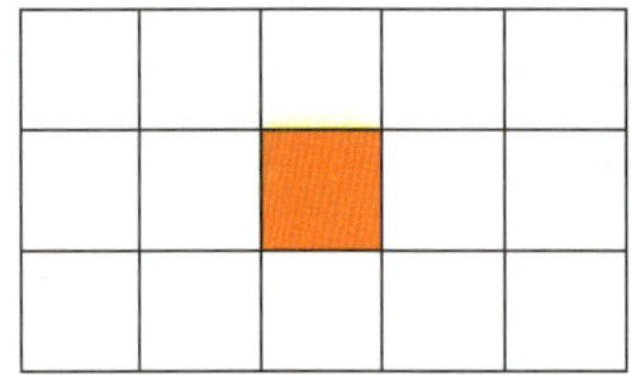

[답]

13 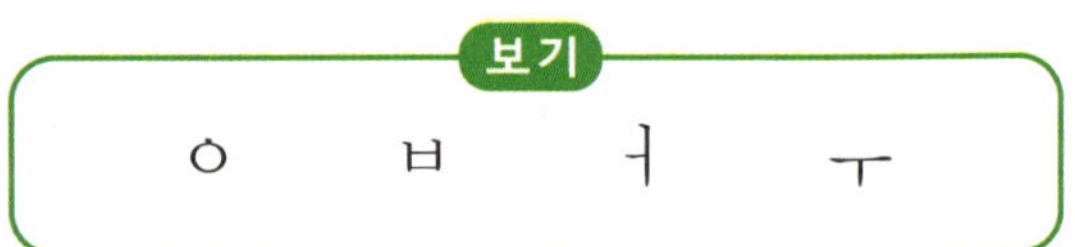 의 자음과 모음을 한 번씩만 사용하여 만들 수 있는 글자의 수는 모두 몇 개입니까?

[답]

14 정사각형의 각 변을 3등분하여 작은 정사각형을 만들어 가고 있습니다. 이 규칙을 반복하면 네 번째 그림에서 만들어지는 가장 작은 정사각형은 모두 몇 개입니까?

   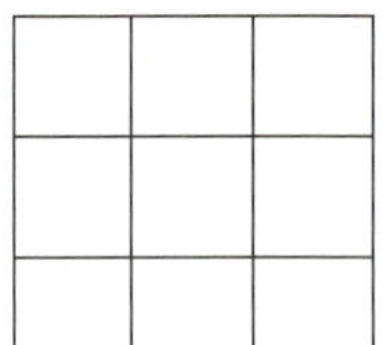   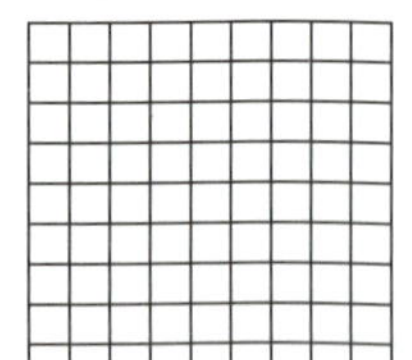   ......

[답]

🌐 창의력 학습

네로는 파트라슈와 함께 할아버지의 집에 가려고 합니다. 꺾은선그래프에 대해 바르게 설명한 것은 ➡, 잘못 설명한 것은 ⬇를 따라가면 할아버지의 집에 도착한다고 합니다. 문제를 풀어가며 할아버지의 집을 찾아 ○표 하시오.

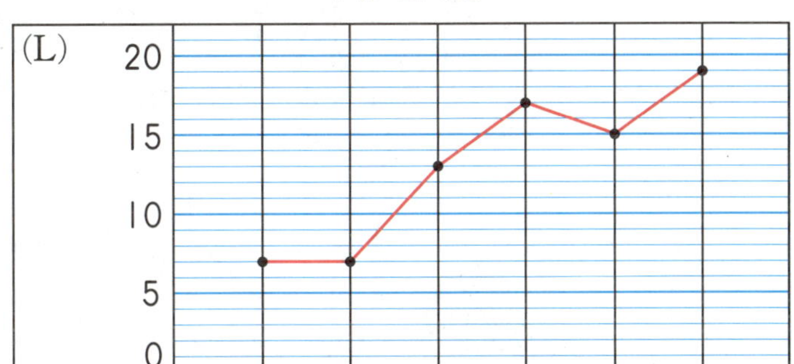

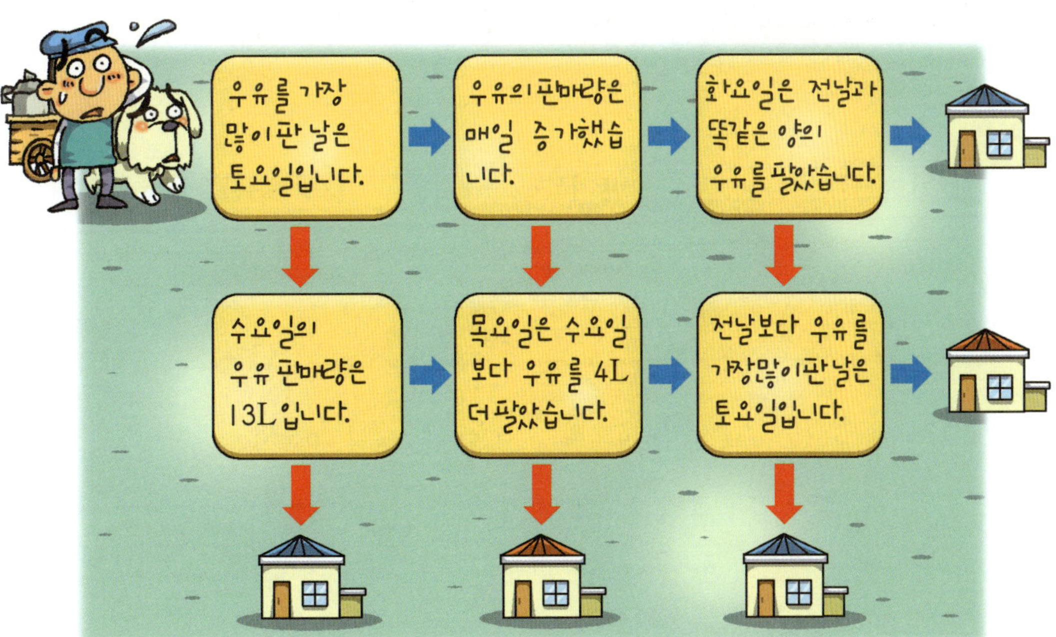

다음과 같이 밧줄을 자르려고 합니다. 8번 자르면 몇 도막이 되는지 알아볼까요?

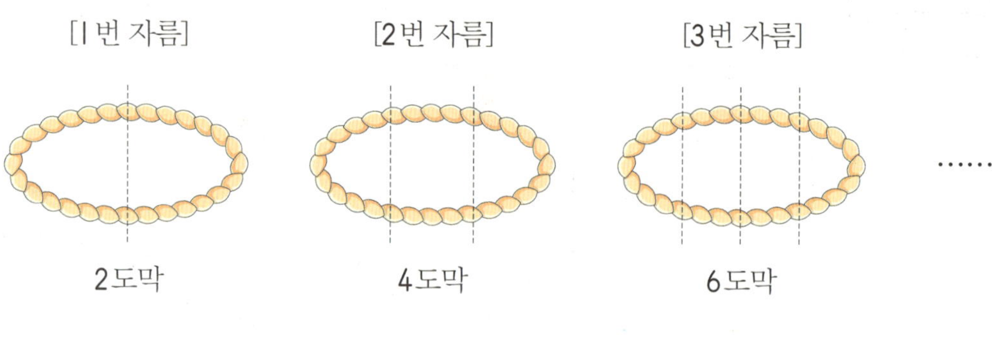

[답] ____________________

✚ 경시대회 예상문제

1 어떤 자료를 꺾은선그래프로 나타낼 때, 두 값의 변화가 없는 것은 어느 것입니까? (   )

① ② ③ ④ ⑤

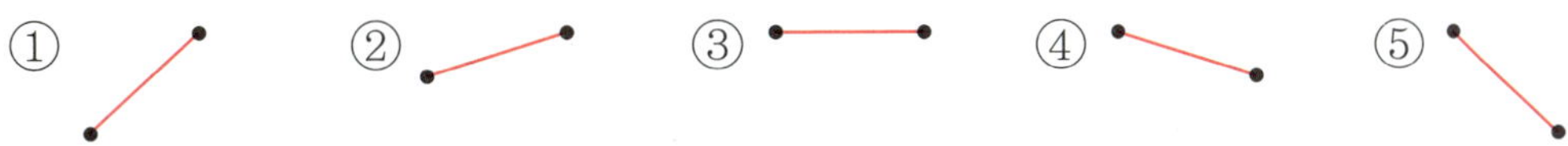

2 어느 라면 공장의 라면 생산량을 6일 동안 조사하여 나타낸 꺾은선그래프입니다. 라면 생산량이 가장 많은 날은 가장 적은 날보다 얼마나 더 생산하였는지 풀이 과정을 쓰고 답을 구하시오.

라면 생산량

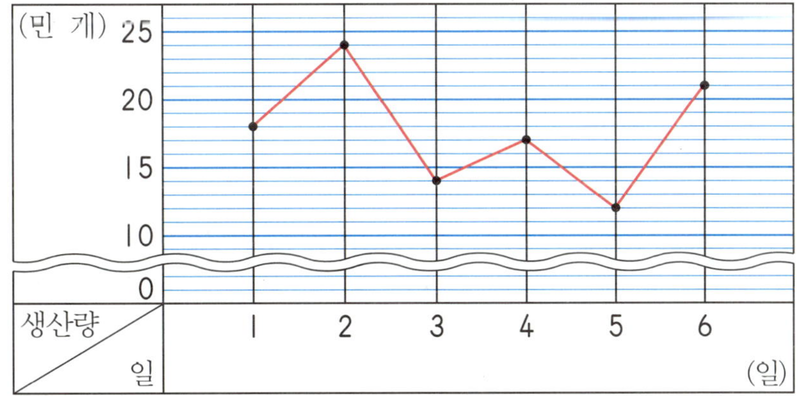

[답]

🐸 다음은 가 회사와 나 회사의 TV 판매량을 조사하여 나타낸 꺾은선그래프입니다. 물음에 답하시오. [3~5]

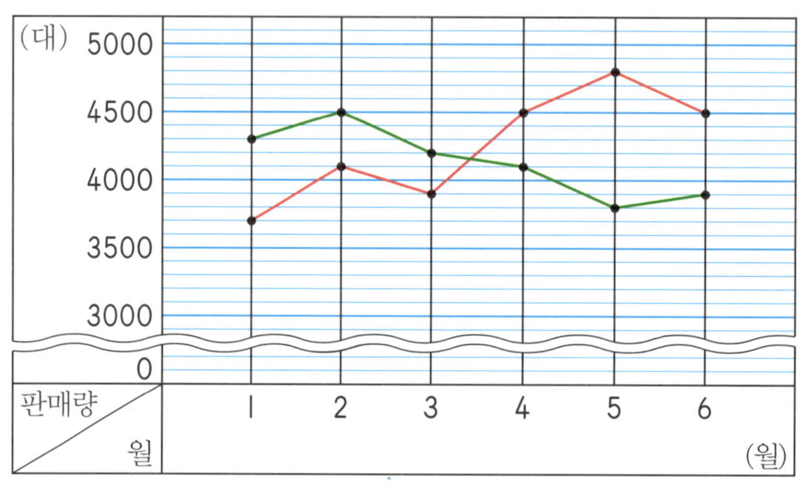

3 4월에는 어느 회사의 TV 판매량이 얼마나 더 많습니까?

[답] ______________________

4 두 회사의 TV 판매량이 가장 많이 차이 나는 때는 몇 월입니까?

[답] ______________________

5 나 회사의 TV 판매량이 전달보다 가장 많이 증가했을 때, 가 회사의 TV 판매량은 어떻게 변했습니까?

[답] ______________________

 경시대회 예상문제

6 빈칸에 알맞은 수를 써넣고, ●가 17일 때, ■의 값을 구하시오.

■	105	90		60	45		
●	35	30	25	20		10	5

[답] ________________________

한 변이 1cm인 정사각형을 이어 붙여서 그림과 같이 정사각형을 만들어 가고 있습니다. 한 변에 있는 정사각형의 개수를 △, 전체 정사각형의 넓이를 ▲ 라고 합니다. 물음에 답하시오. [7~8]

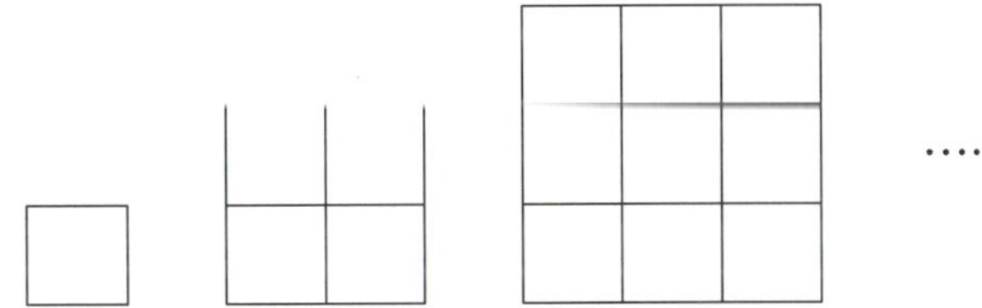

7 △와 ▲ 사이의 관계를 식으로 나타내시오.

[답] ________________________

8 △가 11일 때, ▲의 값을 구하시오.

[답] ________________________

9 그림은 같은 크기의 정삼각형 12개로 이루어진 모양입니다. 크고 작은 정삼각형은 모두 몇 개인지 풀이 과정을 쓰고 답을 구하시오.

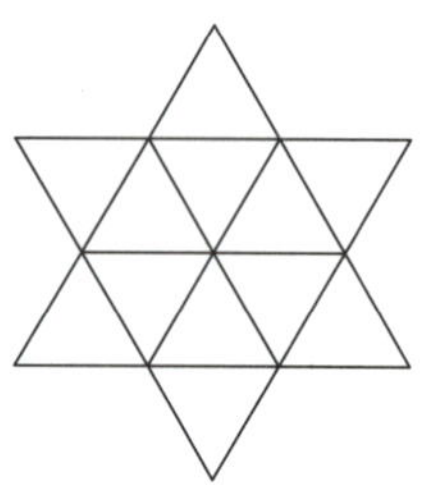

[답]

10 한 변이 1cm인 정사각형으로 그림과 같은 도형을 만들어 가고 있습니다. 이 규칙을 반복하면 여섯 번째 그림에서 만들어지는 도형의 둘레는 몇 cm입니까?

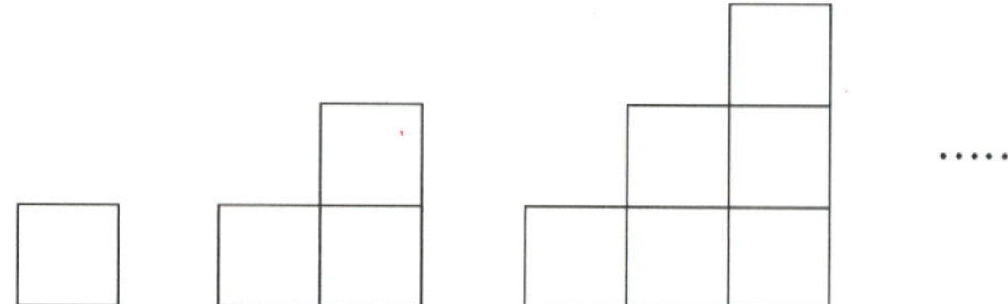

[답]

경시대회 예상문제

H6

H346a ~ H360b

학습 관리표

학습 내용		이번 주는?
확인 학습	• 분수의 덧셈과 뺄셈 • 소수의 덧셈과 뺄셈 • 수직과 평행 • 사각형과 다각형 • 평면도형이 둘레와 넓이 • 수의 범위와 어림 • 꺾은선그래프 • 규직 찾기와 문제 해결 • 창의력 학습 • 경시대회 예상문제 • 종료 테스트	• 학습 방법 : ① 매일매일　② 가끔　③ 한꺼번에 　하였습니다. • 학습 태도 : ① 스스로 잘　② 시켜서 억지로 　하였습니다. • 학습 흥미 : ① 재미있게　② 싫증내며 　하였습니다. • 교재 내용 : ① 적합하다고　② 어렵다고　③ 쉽다고 　하였습니다.
지도 교사가 부모님께		**부모님이 지도 교사께**
평가	Ⓐ 아주 잘함　　Ⓑ 잘함　　Ⓒ 보통　　Ⓓ 부족함	

원(교)　　　　　반　　이름　　　　　　전화

기탄교육

www.gitan.co.kr / (02)586-1007(대)

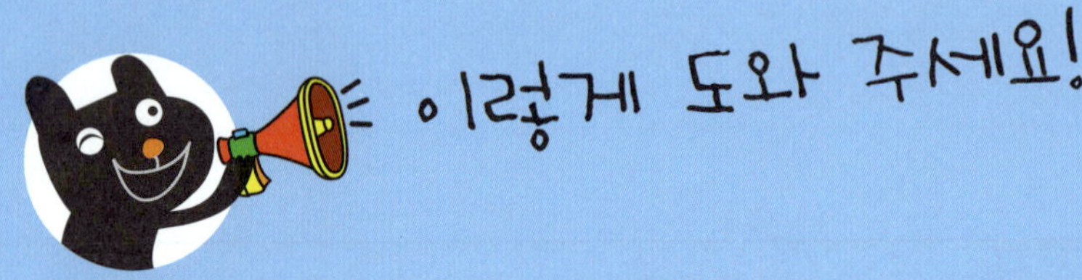

● 학습 목표
– 분수의 덧셈과 뺄셈을 계산할 수 있습니다.
– 소수의 덧셈과 뺄셈을 계산할 수 있습니다.
– 수직, 수선, 평행, 평행선을 이해하고 그릴 수 있습니다.
– 여러 가지 사각형과 다각형을 이해할 수 있습니다.
– 평면도형의 둘레와 넓이 구하는 방법을 알고 구할 수 있습니다.
– 이상, 이하, 초과, 미만, 올림, 버림, 반올림을 이해할 수 있습니다.
– 꺾은선그래프의 특징을 알고 그래프를 그릴 수 있습니다.
– 문제를 해결하고 풀이 과정을 설명할 수 있습니다.

● 지도 내용
– 분수의 덧셈과 뺄셈을 계산하게 합니다.
– 소수의 덧셈과 뺄셈을 계산하게 합니다.
– 수직, 수선, 평행, 평행선을 이해하고 그려 보게 합니다.
– 여러 가지 사각형과 다각형을 이해하게 합니다.
– 평면도형의 둘레와 넓이를 구하게 합니다.
– 이상, 이하, 초과, 미만, 올림, 버림, 반올림을 이해하게 합니다.
– 꺾은선그래프를 이해하고 그려 보게 합니다.
– 문제를 해결하고 풀이 과정을 설명하게 합니다.

● 지도 요점
앞에서 학습한 1~8단원까지의 내용을 총정리하는 주입니다.
여러 유형의 문제를 접해 보게 함으로써 학습한 지식을 응용할 수 있도록 지도해 주십시오. 그리고 종료 테스트를 이용하여 주어진 시간 내에 모든 문제를 푸는 연습을 하도록 해 주십시오.

이름 :

날짜 :

시간 : 시 분 ~ 시 분

확인

◆ 분수의 덧셈과 뺄셈 ◆

1 그림을 보고 □ 안에 알맞은 분수를 써넣으시오.

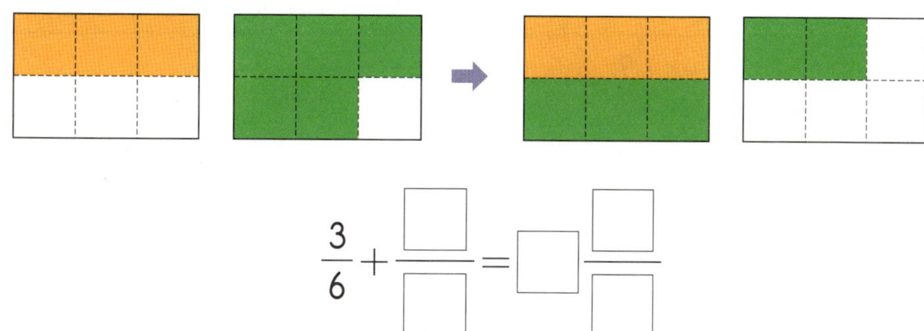

$$\frac{3}{6} + \frac{\square}{\square} = \square\frac{\square}{\square}$$

2 다음을 계산하시오.

(1) $\dfrac{3}{5} + \dfrac{4}{5}$

(2) $2\dfrac{5}{9} + 1\dfrac{7}{9}$

(3) $3\dfrac{6}{7} - \dfrac{4}{7}$

(4) $5\dfrac{2}{11} - 3\dfrac{8}{11}$

3 빈칸에 알맞은 수를 써넣으시오.

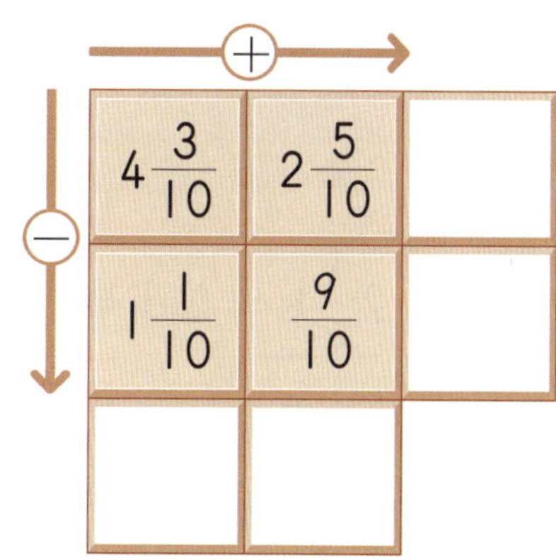

확인 학습

4 ☐ 안에 알맞은 수를 써넣으시오.

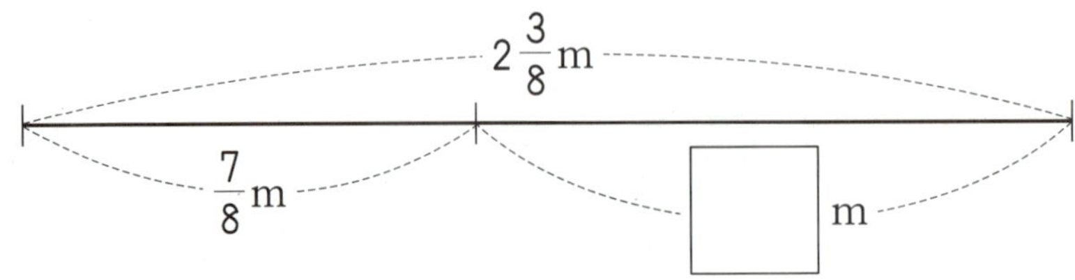

5 빈칸에 알맞은 수를 써넣으시오.

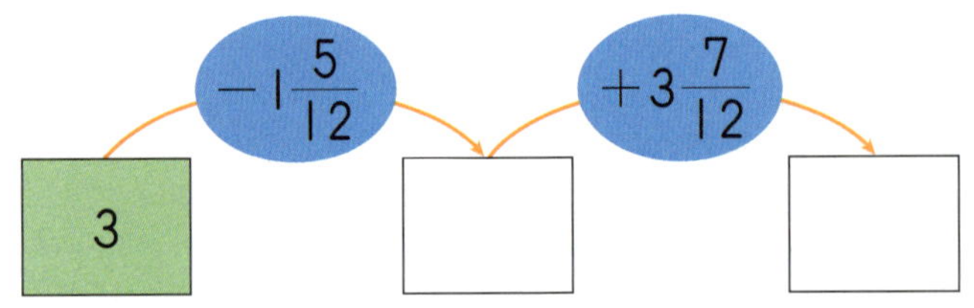

6 서율이가 집에서 서점을 가는 데 $\frac{4}{6}$ 시간이 걸렸고 서점에서 집으로 오는 데 $\frac{5}{6}$ 시간이 걸렸습니다. 서율이가 집에서 서점을 다녀오는 데 걸린 시간은 모두 몇 시간입니까?

[답]

7 들이가 10L인 물통에 물을 $2\frac{1}{4}$ L씩 2번 부었습니다. 물통에 물을 가득 채우려면 물을 몇 L 더 부어야 합니까?

[답]

확인 학습

🌸이름 :

🌸날짜 :

🌸시간 :　　시　　분 ~ 　　시　　분

◆ **소수의 덧셈과 뺄셈** ◆

1 그림을 보고 ☐ 안에 알맞은 수를 써넣으시오.

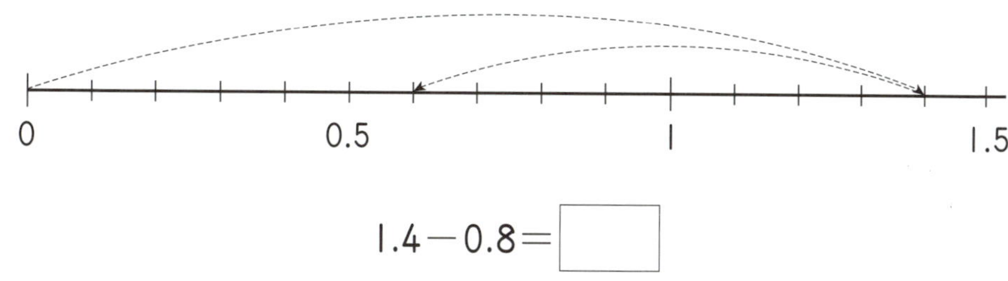

$$1.4 - 0.8 = \boxed{}$$

2 ☐ 안에 알맞은 수를 써넣으시오.

$$\begin{array}{r} 0.12 \\ + \ 0.35 \\ \hline \end{array}$$ ➡

$$0.12 \rightarrow 0.01이 \ \boxed{} \ 개$$
$$+ \ 0.35 \rightarrow 0.01이 \ \boxed{} \ 개$$
$$\qquad 0.01이 \ \boxed{} \ 개$$

➡

$$\begin{array}{r} 0.12 \\ + \ 0.35 \\ \hline \boxed{} \end{array}$$

3 다음을 계산하시오.

(1)
$$\begin{array}{r} 0.71 \\ + \ 0.44 \\ \hline \end{array}$$

(2)
$$\begin{array}{r} 3.7 \\ + \ 1.42 \\ \hline \end{array}$$

(3)
$$\begin{array}{r} 1.19 \\ - \ 0.35 \\ \hline \end{array}$$

(4)
$$\begin{array}{r} 5.08 \\ - \ 2.66 \\ \hline \end{array}$$

4 빈칸에 알맞은 수를 써넣으시오.

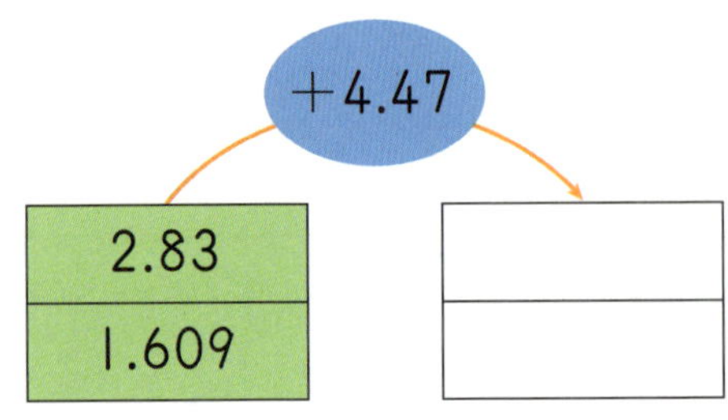

5 계산 결과를 비교하여 ◯ 안에 >, =, <를 알맞게 써넣으시오.

$$3.107 + 1.64 \quad \bigcirc \quad 8.37 - 3.778$$

6 영주가 음료수를 0.35L 마셨더니 0.68L 남았습니다. 처음에 있던 음료수는 몇 L입니까?

[답]

7 어떤 수에서 1.54를 빼야 할 것을 잘못 계산하여 더했더니 6.7이 되었습니다. 바르게 계산하면 얼마입니까?

[답]

확인 학습

◆ **수직과 평행** ◆

1 두 직선이 서로 수직인 것에 ○표, 서로 평행한 것에 △표 하시오.

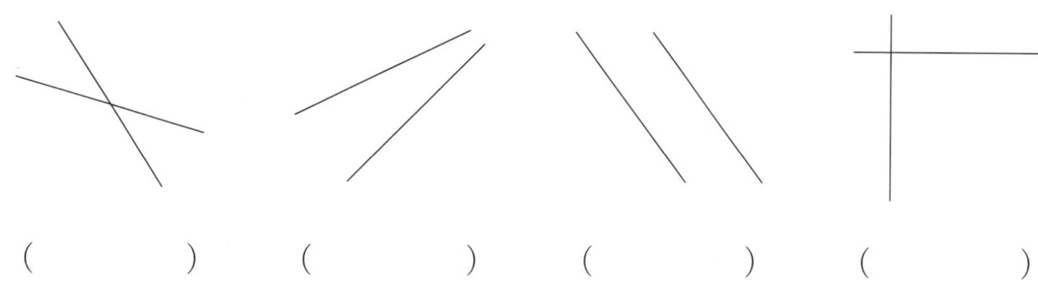

(   )　(   )　(   )　(   )

🐸 그림을 보고 물음에 답하시오. [2~3]

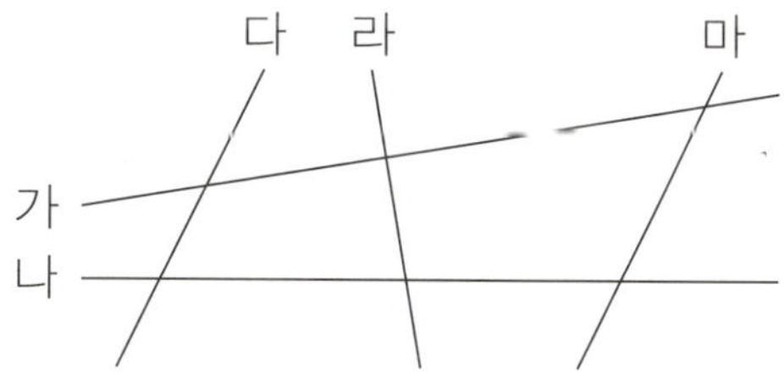

2 서로 수직인 직선을 찾아 쓰시오.

[답]

3 서로 평행한 직선을 찾아 쓰시오.

[답]

확인 학습

4 그림에서 변 ㄴㅁ에 대한 수선을 찾아 쓰시오.

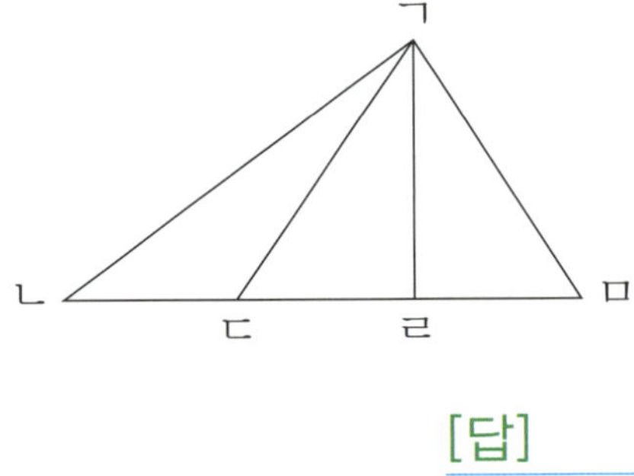

[답] ________________________________

5 도형에서 서로 평행한 변은 몇 쌍인지 구하시오.

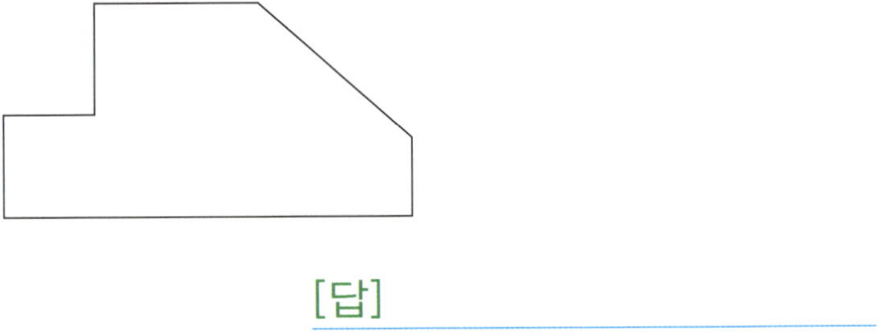

[답] ________________________________

6 선분 ㄴㄹ에 대한 수선이 선분 ㄱㄷ일 때, 각 ㄴㄷㅁ의 크기를 구하시오.

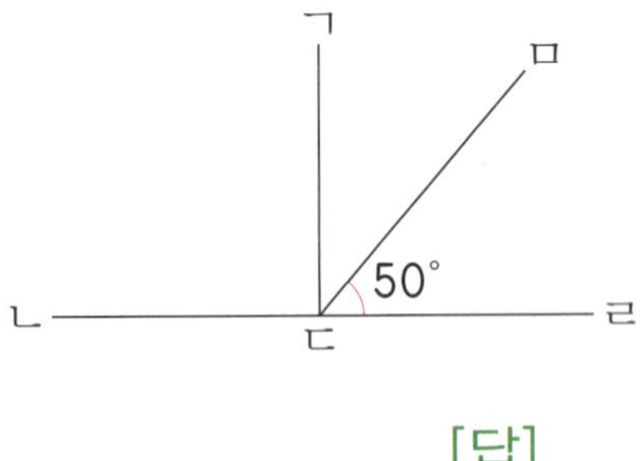

[답] ________________________________

확인 학습

7 직각 삼각자를 사용하여 평행선을 바르게 그은 것에 ◯표 하시오.

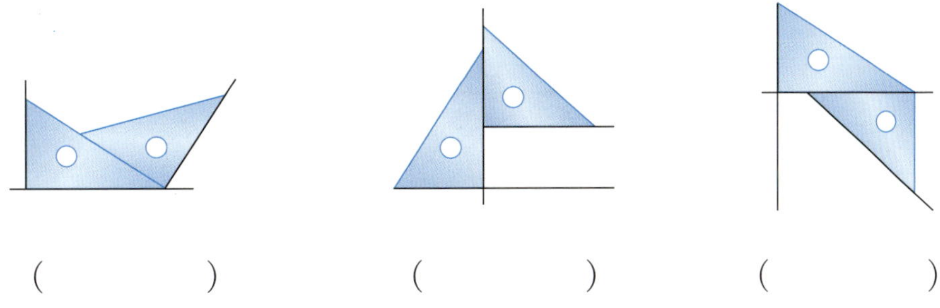

(   )   (   )   (   )

8 점 ㄱ을 지나고 직선 ㄴㄷ에 수직인 직선을 그으시오.

9 주어진 두 선분을 사용하여 마주 보는 두 쌍의 변이 평행한 사각형을 그려 보시오.

10 직선 가와 직선 나가 서로 평행할 때, 평행선 사이의 거리를 나타내는 선분을 찾아 기호를 쓰시오.

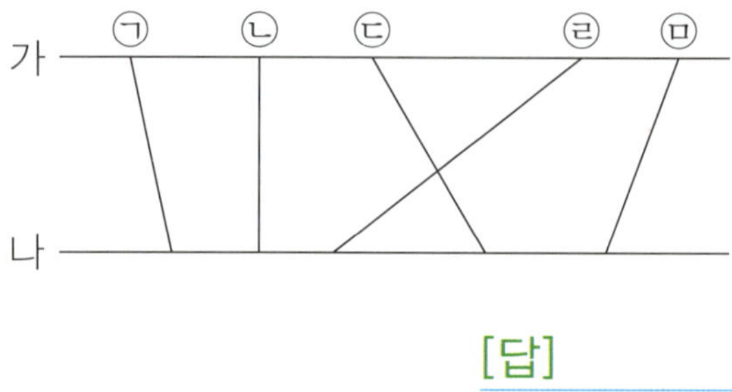

[답]

11 평행선 사이의 거리가 2cm가 되도록 주어진 직선의 평행선을 그으시오.

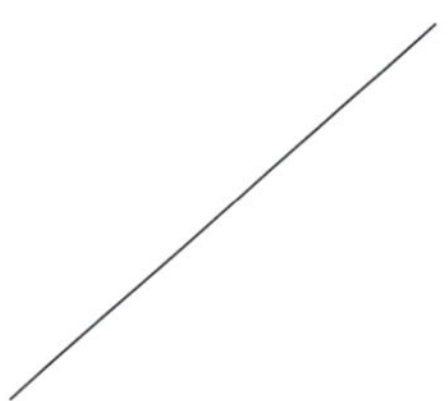

12 직선 가, 나, 다는 서로 평행합니다. 직선 가와 직선 다 사이의 거리는 몇 cm 입니까?

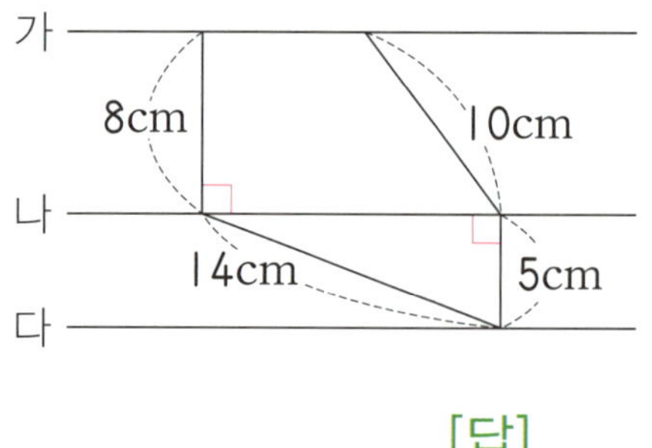

[답]

◆ 사각형과 다각형 ◆

1 평행사변형을 모두 찾아 쓰시오.

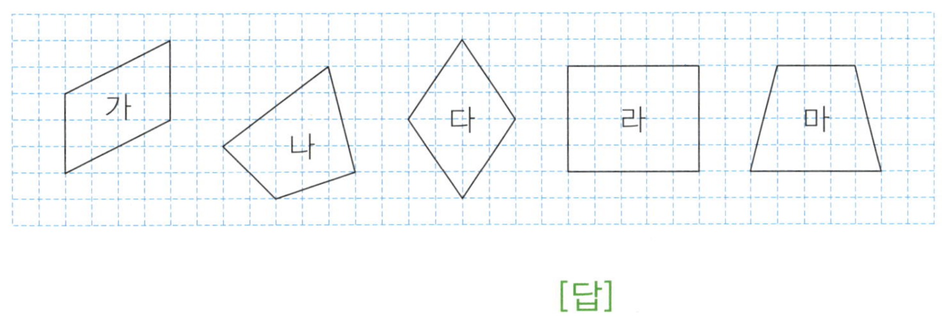

[답]

2 사각형에서 어느 부분을 잘라 내면 사다리꼴이 됩니까? (　　　　　)

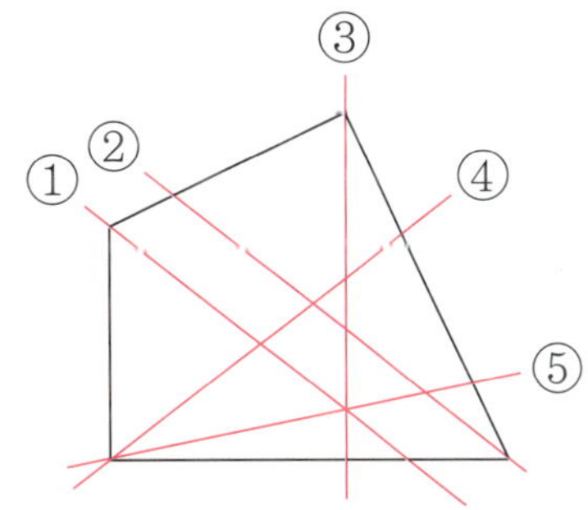

3 다음은 마름모입니다. ☐ 안에 알맞은 수를 써넣으시오.

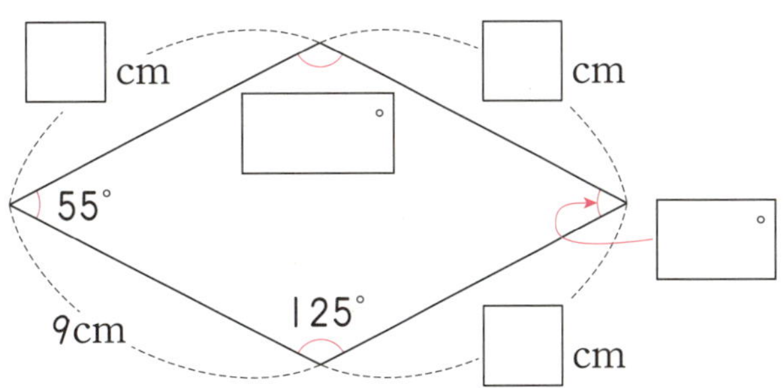

4 사각형 ㄱㄴㄷㄹ은 평행사변형입니다. ㉠의 크기를 구하시오.

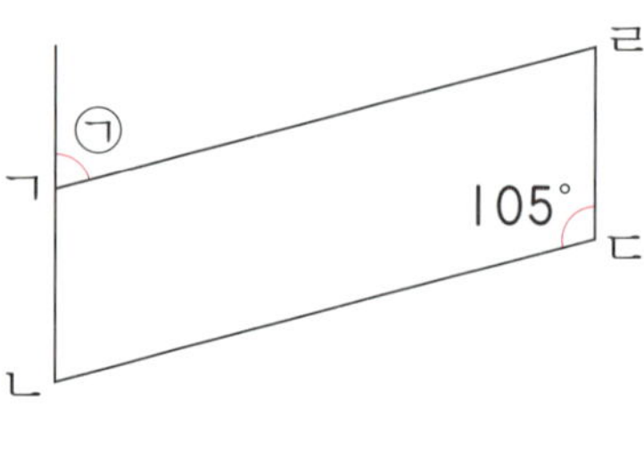

[답] ______________________

5 도형의 이름으로 볼 수 있는 것을 모두 찾아 기호를 쓰시오.

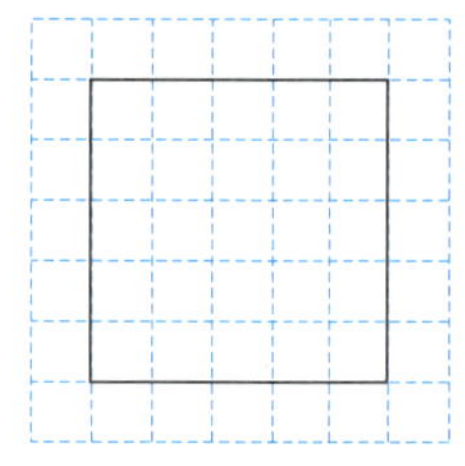

㉠ 마름모	㉡ 사다리꼴
㉢ 평행사변형	㉣ 직사각형

[답] ______________________

6 사각형에 대한 설명으로 <u>잘못</u> 설명한 것은 어느 것입니까? (   )

① 정사각형은 마름모입니다.　　② 직사각형은 마름모입니다.

③ 마름모는 평행사변형입니다.　　④ 정사각형은 직사각형입니다.

⑤ 평행사변형은 사다리꼴입니다.

확인 학습

7 다음 도형 중 다각형이 <u>아닌</u> 것은 어느 것입니까? (　　　　)

① 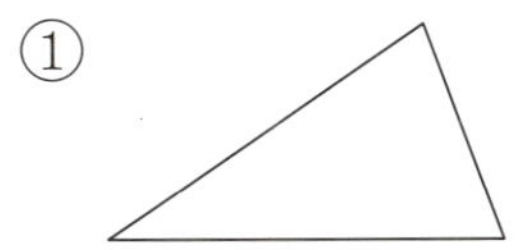　　② 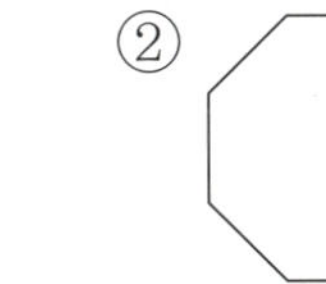　　③ 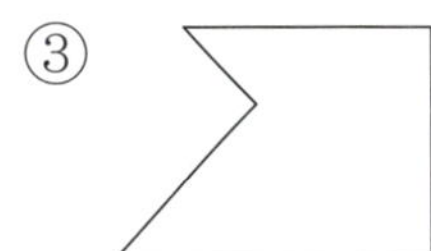

④ 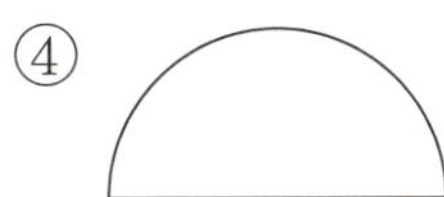　　⑤ 

8 다음 조건을 모두 만족하는 도형의 이름을 쓰시오.

> - 6개의 선분으로 둘러싸여 있습니다.
> - 변의 길이가 모두 같습니다.
> - 각의 크기가 모두 같습니다.

[답]

9 도형의 대각선을 모두 그어 보고, 대각선의 개수를 구하시오.

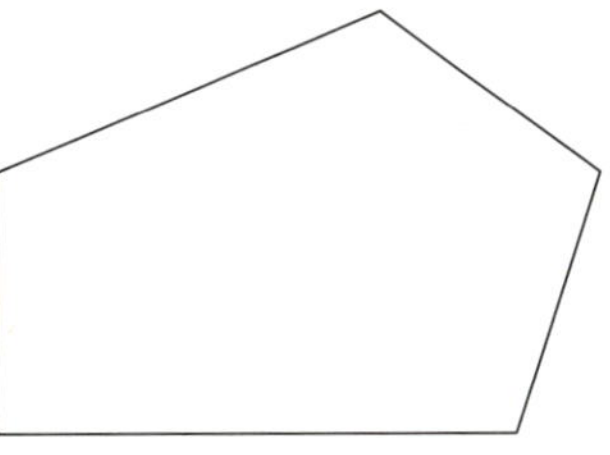

[답]

10 도형 판 4조각을 사용하여 정사각형을 만들 수 있는 것은 어느 것입니까?

(   )

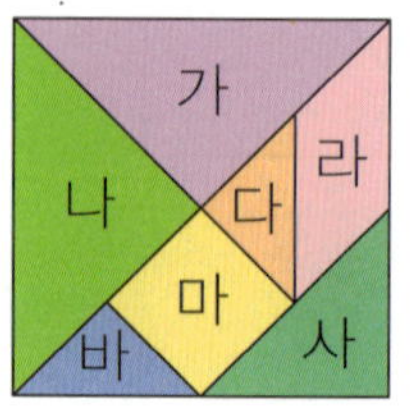

① 다, 라, 마, 바　　② 나, 마, 바, 사

③ 다, 마, 바, 사　　④ 가, 나, 라, 사

⑤ 나, 다, 바, 사

11 왼쪽의 정육각형을 겹치지 않게 이어 붙여서 오른쪽의 도형을 빈틈없이 덮으시오.

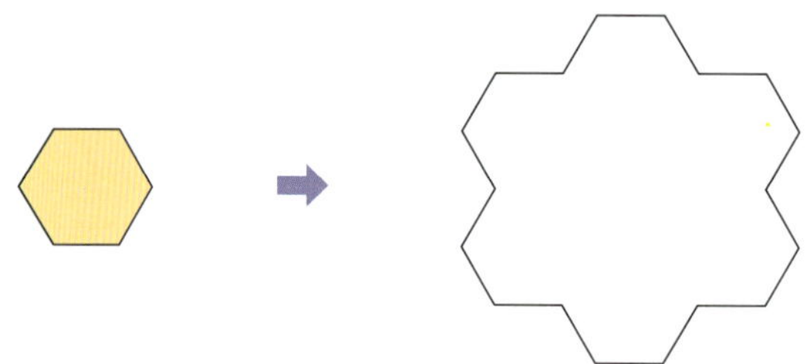

12 왼쪽의 평행사변형을 겹치지 않게 이어 붙여서 오른쪽 평행사변형을 덮으려고 합니다. 평행사변형은 모두 몇 개 필요합니까?

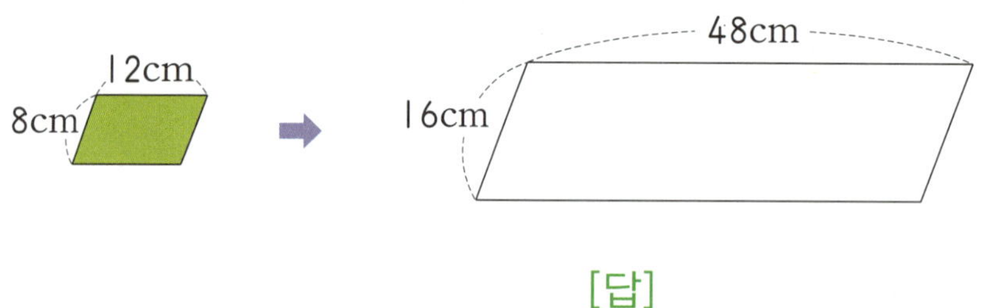

[답]

✿ 이름 :

✿ 날짜 :

✿ 시간 :　시　분 ~ 시　분

확인

◆ 평면도형의 둘레와 넓이 ◆

1 직사각형의 둘레를 구하시오.

(1)

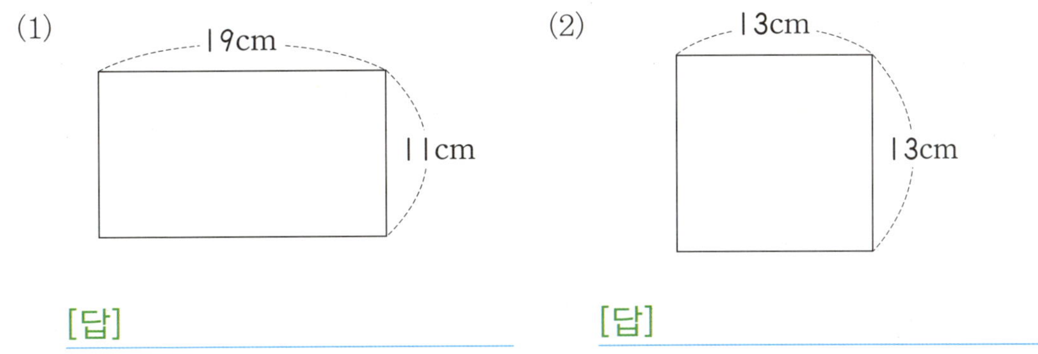

[답]

(2)

[답]

2 직사각형의 둘레가 다음과 같을 때, ☐ 안에 알맞은 수를 써넣으시오.

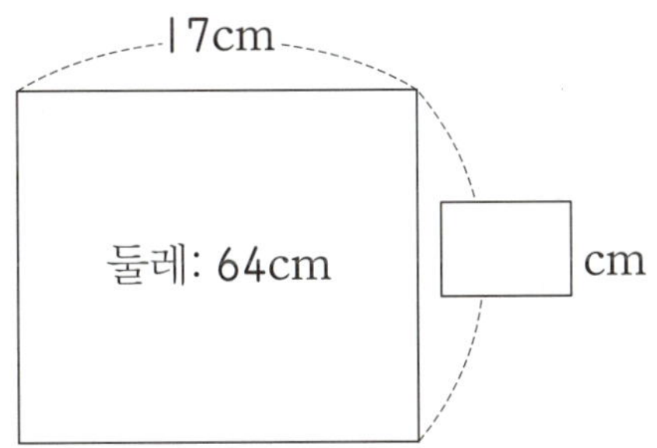

3 둘레가 76cm인 정사각형의 한 변은 몇 cm입니까?

[답]

확인 학습

4 도형의 둘레를 구하시오.

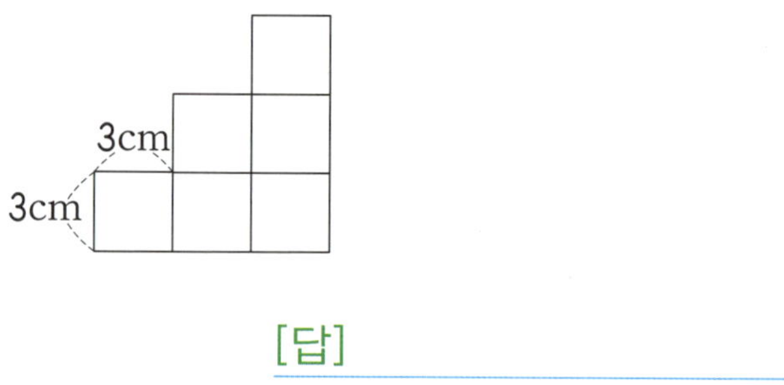

[답]

5 넓이가 다른 도형을 찾아 쓰시오.

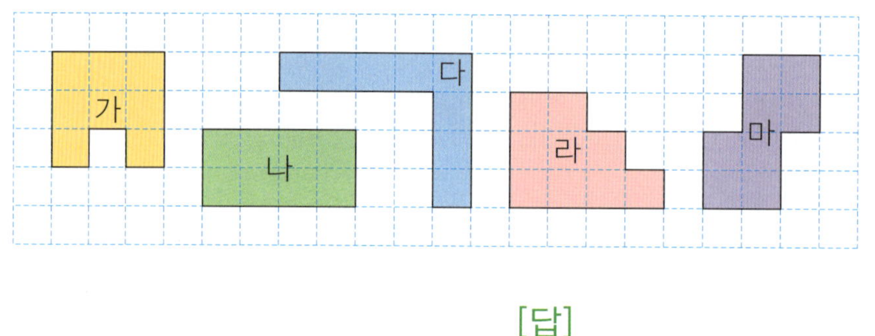

[답]

6 오른쪽 도형의 넓이는 단위넓이의 몇 배인지 구하시오.

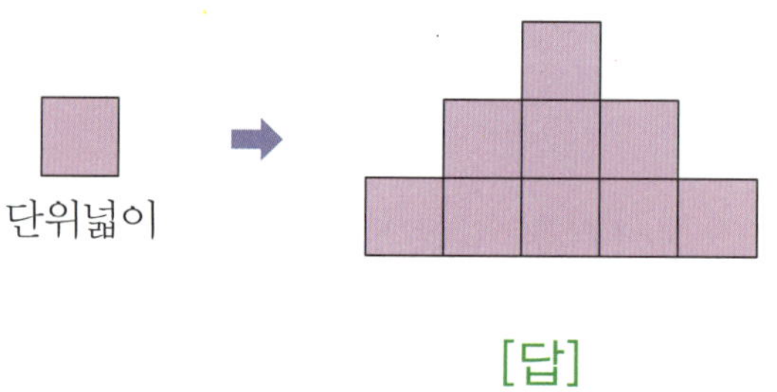

[답]

확인 학습

7 정사각형의 넓이를 구하려고 합니다. □ 안에 알맞은 수를 써넣으시오.

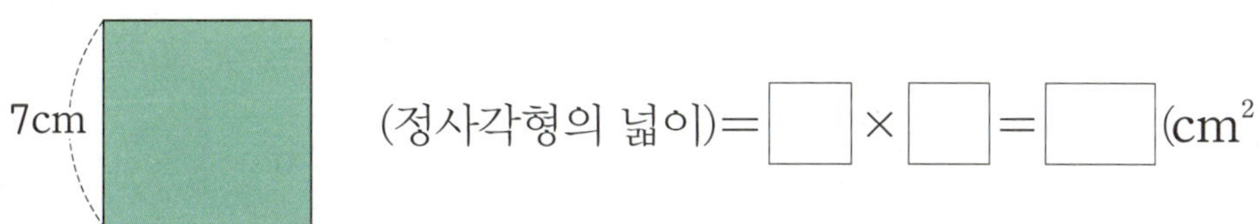

7cm

(정사각형의 넓이)= □ × □ = □ (cm²)

8 직사각형의 넓이를 구하시오.

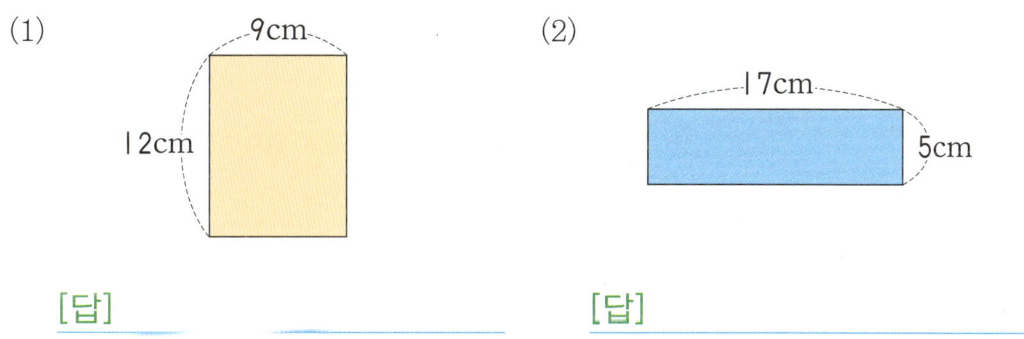

(1) 9cm

12cm

[답]

(2) 17cm

5cm

[답]

9 가로가 22cm, 세로가 14cm인 직사각형 모양의 도화지가 있습니다. 이 도화지의 넓이는 몇 cm²입니까?

[답]

10 둘레가 44cm인 정사각형의 넓이는 몇 cm²입니까?

[답]

11 도형의 넓이를 구하시오.

(1)

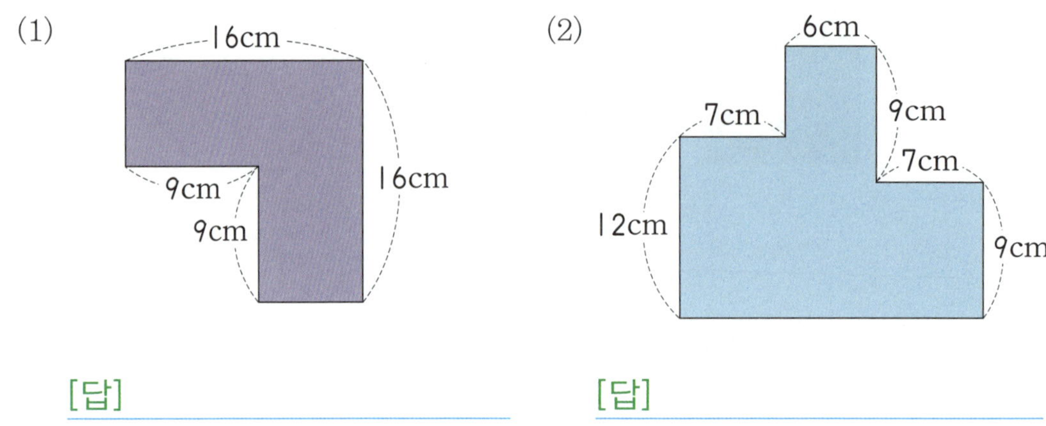

[답]

(2)

[답]

12 색칠한 부분의 넓이를 구하시오.

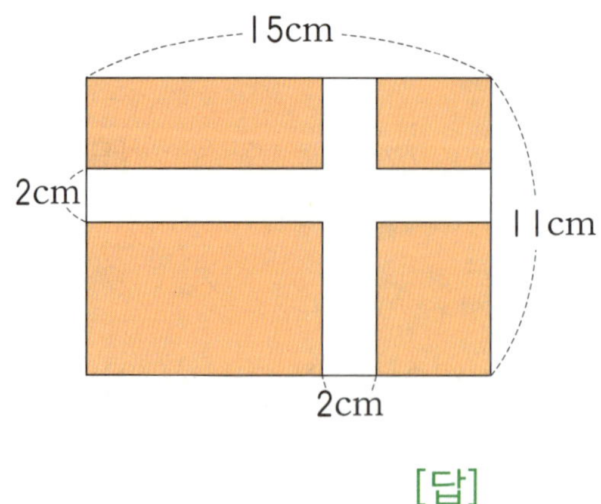

[답]

H-354a

✿ 이름 :

✿ 날짜 :

✿ 시간 :　　시　분 ~　　시　분

확인

◆ 수의 범위와 어림 ◆

승철이네 반 학생들의 키를 조사하여 나타낸 표입니다. 물음에 답하시오. [1~2]

학생들의 키

이름	키(cm)	이름	키(cm)	이름	키(cm)
승철	139.4	혜민	133.5	희용	131.8
민수	145.6	지희	140.6	성연	139.7
연주	132.7	현진	146.1	태원	141.2

1 키가 140cm 초과인 학생은 누구누구입니까?

[답]

2 키가 135cm 이상 142cm 미만인 학생은 누구누구입니까?

[답]

3 19 초과 26 이하인 수에 ○표 하시오.

| 20 | 30 | 26 | 17 | 11 | 21 | 29 | 19 |

4 30 이상 47 미만인 수 중에서 가장 큰 자연수와 가장 작은 자연수의 차를 구하시오.

[답]

확인 학습

5 어느 자격증 시험의 합격 점수가 60점 이상일 때, 시험에 합격하지 못한 학생은 누구입니까?

학생	민호	서연	형태	성은
시험 점수(점)	71	58	60	64

[답]

6 다음 수의 범위에 속하는 자연수가 가장 많은 것은 어느 것입니까? (　　　　)

① 6 이상 12 미만인 수　　　　② 6 이상 12 이하인 수
③ 6 초과 12 미만인 수　　　　④ 6 초과 12 이하인 수
⑤ 6 이하인 수

7 수직선에 나타낸 수의 범위를 쓰시오.

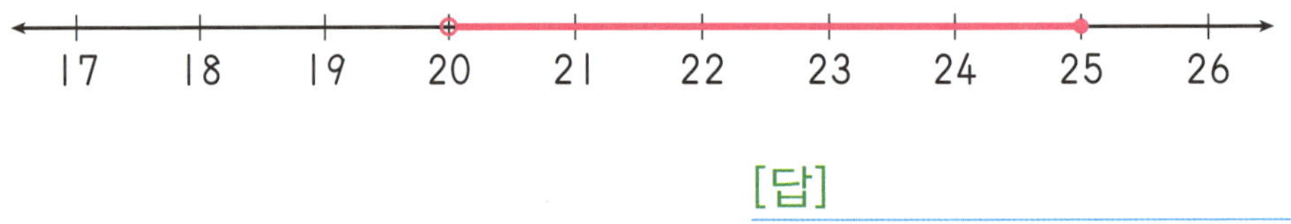

[답]

8 수의 범위를 수직선에 나타내시오.

47 초과 51 미만인 수

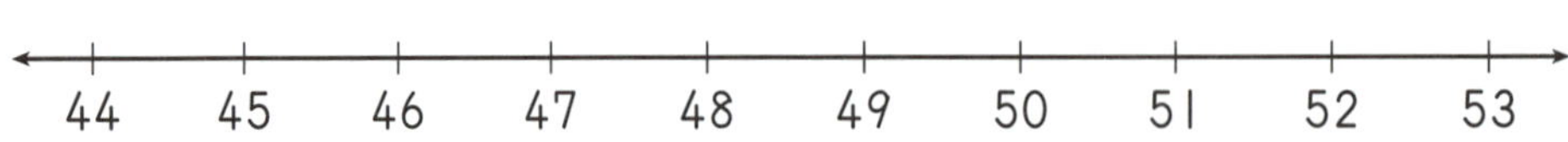

확인 학습

9 수를 버림하여 천의 자리까지 나타내시오.

(1) 3498 _____________

(2) 20796 _____________

10 올림하여 백의 자리까지 나타낼 때 2300이 되는 수에 모두 ○표 하시오.

| 2320 | 2201 | 2300 | 2290 | 2199 |

11 반올림하여 백의 자리까지 나타낸 것입니다. 잘못 나타낸 것은 어느 것입니까? (　　　)

① 523 ➡ 500　　　② 971 ➡ 1000

③ 1809 ➡ 1900　　④ 4071 ➡ 4100

⑤ 6607 ➡ 6600

12 반올림하여 십의 자리까지 나타내었을 때 50이 되는 자연수는 몇 개입니까?

[답] _____________

13 다음 수를 올림, 버림, 반올림하여 만의 자리까지 나타내시오.

수	올림	버림	반올림
90718			

14 어떤 수를 반올림하여 천의 자리까지 나타냈더니 5000이 되었습니다. 어떤 수가 될 수 없는 수는 어느 것입니까? (   )

① 4706   ② 5396   ③ 4500

④ 4498   ⑤ 5099

15 어느 과수원에서 배를 438개 수확했습니다. 한 상자에 배를 10개씩 넣어서 판매를 한다면 배를 몇 상자까지 판매할 수 있습니까?

[답]

16 희정이네 학교의 4학년 선생님과 학생 426명이 42인승 버스에 타고 현장 학습을 가려고 합니다. 버스는 적어도 몇 대 필요합니까?

[답]

 확인 학습

★ 이름 :

★ 날짜 :

★ 시간 :　　　시　　분 ~ 　　시　　분

◆ 꺾은선그래프 ◆

🐸 강낭콩의 키를 매일 오후 2시에 조사하여 나타낸 꺾은선그래프입니다. 물음에 답하시오. [1~3]

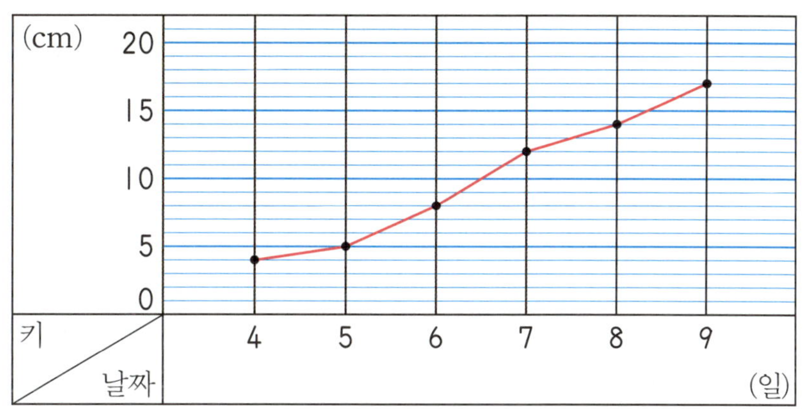

1 그래프를 보고 표의 빈칸에 알맞은 수를 써넣으시오.

강낭콩의 키

날짜(일)	4	5	6	7	8	9
키(cm)						

2 강낭콩의 키가 전날에 비해 가장 많이 자랐을 때는 며칠입니까?

[답]

3 10일의 강낭콩의 키는 어떻게 될 것이라고 예상합니까?

[답]

효주의 키를 매월 1일에 조사하여 나타낸 표입니다. 물음에 답하시오. [4~6]

효주의 키

월	3	4	5	6	7
키(cm)	135.4	135.8	136.0	136.8	137.4

4 그래프의 가로 눈금과 세로 눈금에는 각각 무엇을 나타내는 것이 좋겠습니까?

가로 _______________, 세로 _______________

5 표를 보고 물결선을 사용한 꺾은선그래프를 그리시오.

효주의 키

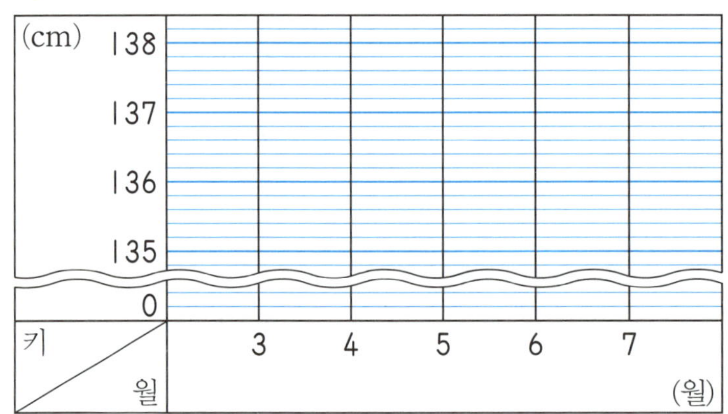

6 5월 15일에 효주의 키는 몇 cm쯤 되겠습니까?

[답] _______________

확인 학습

✿ 이름 :
✿ 날짜 :
✿ 시간 :　　시　　분～　　시　　분

◆ 규칙 찾기와 문제 해결 ◆

1 형의 나이와 동생의 나이를 나타낸 표입니다. 빈칸에 알맞은 수를 써넣고, 두 수 사이의 관계를 쓰시오.

형의 나이(살)	6	7	8	9	10	11
동생의 나이(살)	3	4				

[답]

빈칸에 알맞은 수를 써넣고, 두 수 사이의 관계를 식으로 나타내시오. [2~3]

2

◉	1	2	3	4	5	6	7
○	6	12	18				

[답]

3

◉	8	9		11		13	14
○	4	5	6		8	9	

[답]

4 어느 문구점에서 도화지를 1장에 100원에 팔고 있습니다. 도화지의 수를 □, 도화지의 값을 △ 라고 할 때, □와 △ 사이의 관계를 식으로 나타내시오.

[답]

5 다음 3개의 숫자 카드를 한 번씩만 사용하여 만들 수 있는 수는 모두 몇 개입니까?

[답] ________________

6 그림은 같은 크기의 정사각형 16개로 이루어진 모양입니다. 크고 작은 정사각형은 모두 몇 개입니까?

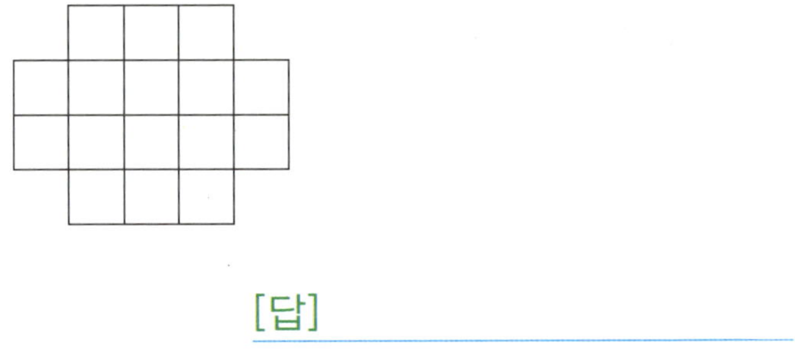

[답] ________________

7 보기의 자음과 모음을 한 번씩만 사용하여 만들 수 있는 글자의 수는 모두 몇 개입니까?

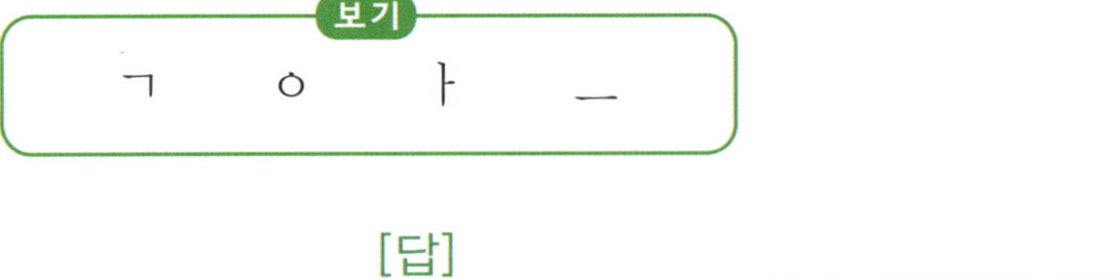

[답] ________________

확인 학습

🌸 이름 :
🌸 날짜 :
🌸 시간 :　　시　　분 ～　　시　　분

확인

🔵 창의력 학습

무게가 7.15kg인 고양이가 시소의 왼쪽에 앉아 있고, 생쥐들이 시소의 오른쪽에 앉으려고 합니다. 생쥐의 무게가 1.8kg으로 모두 똑같을 때, 시소가 오른쪽으로 기울어지기 위해서는 생쥐가 적어도 몇 마리 앉아야 하는지 구하시오.

[답]

창의력 학습

다음과 같이 기차가 통과하면 기차에 적힌 수가 어림이 되는 터널이 있습니다. 초록색 기차가 이 터널을 지나게 되면 초록색 기차에 적힌 수는 어떻게 어림이 되는지 □ 안에 써넣으시오.

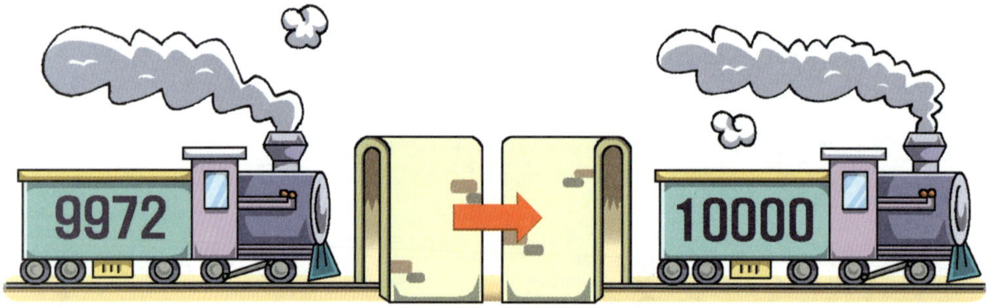

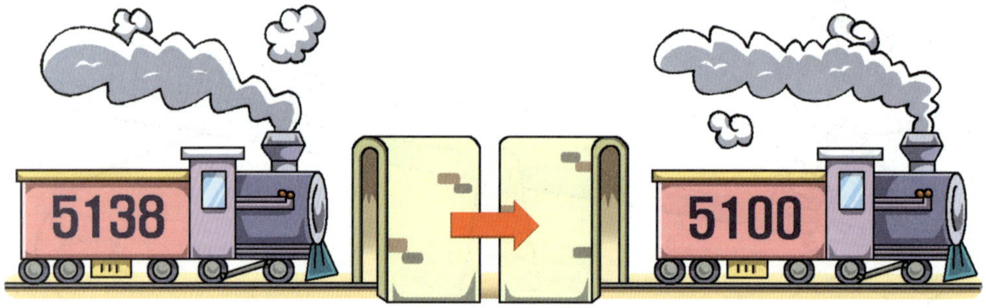

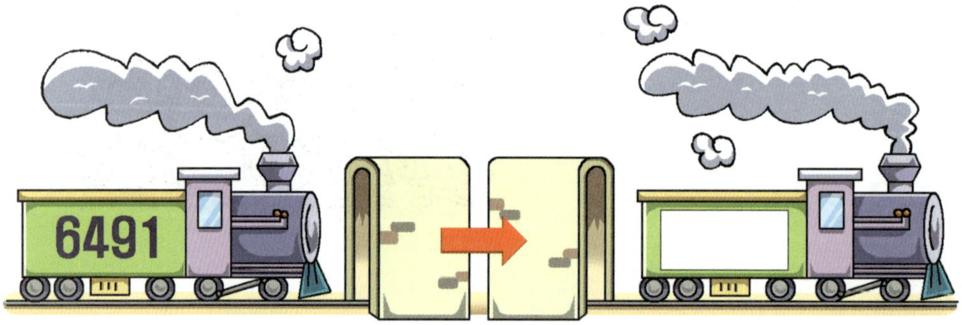

❀ 이름 :

❀ 날짜 :

❀ 시간 :　시　분 ~　시　분

확인

➕ 경시대회 예상문제

1 다음 삼각형의 둘레의 합이 $18\frac{5}{9}$ cm일 때, 삼각형의 나머지 한 변은 몇 cm 인지 구하시오.

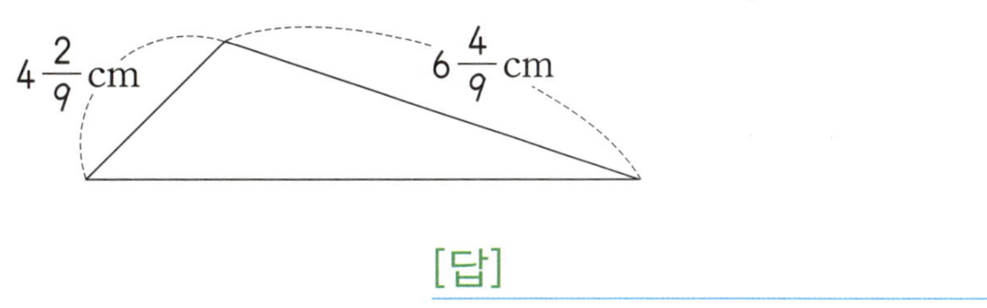

[답]

2 그림에서 ㉡과 ㉢ 사이의 거리가 1.95m일 때, ㉠과 ㉣ 사이의 거리는 몇 m 인지 풀이 과정을 쓰고 답을 구하시오.

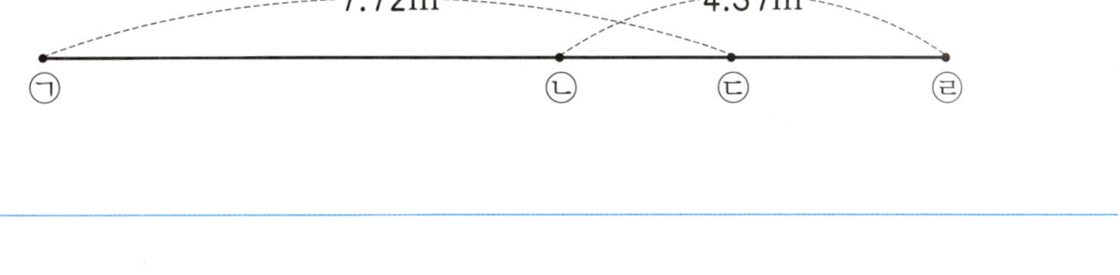

[답]

3 직선 ㄱㄴ과 직선 ㄷㄹ은 서로 평행하고, 선분 ㅁㅂ에 대한 수선이 선분 ㅂㅅ일 때, 각 ㄴㅁㅂ의 크기를 구하시오.

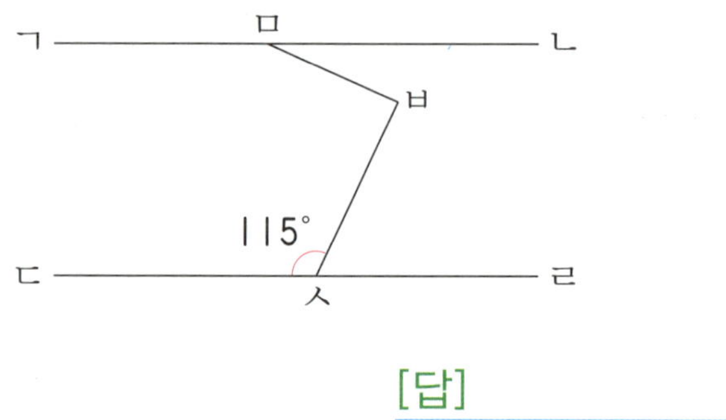

[답]

4 사각형 ㄱㄴㄷㄹ은 마름모입니다. 각 ㄱㄴㄷ의 크기는 몇 도인지 풀이 과정을 쓰고 답을 구하시오.

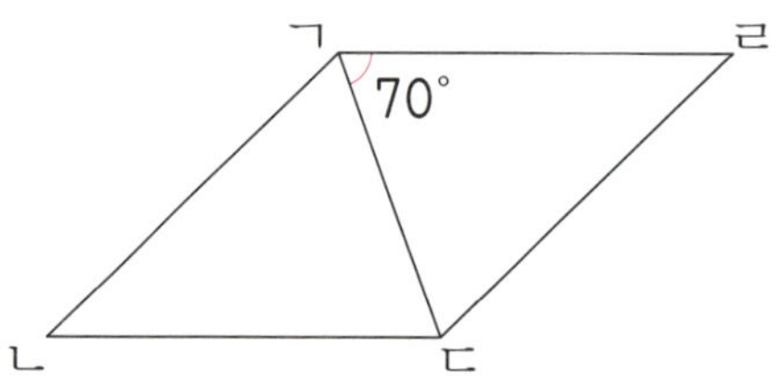

[답]

경시대회 예상문제

5 사각형 ㄱㄴㄷㄹ은 직사각형이고, 사각형 ㅁㅂㄷㄹ은 평행사변형입니다. 평행사변형 ㅁㅂㄷㄹ의 둘레를 구하시오.

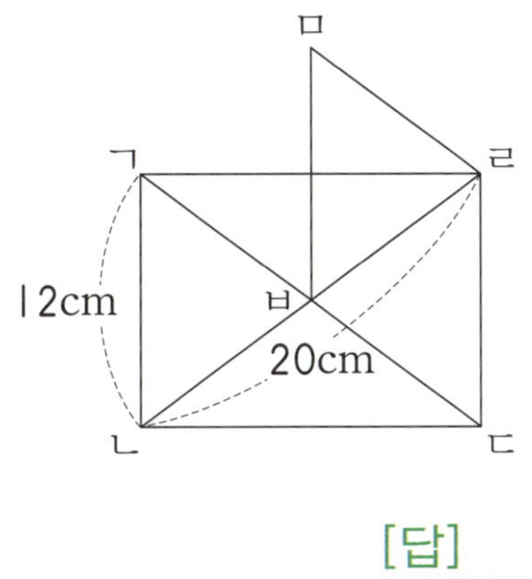

[답]

6 다음은 크기가 다른 정사각형 3개를 겹치지 않게 이어 붙인 도형입니다. 가장 큰 정사각형이 넓이를 구히시오.

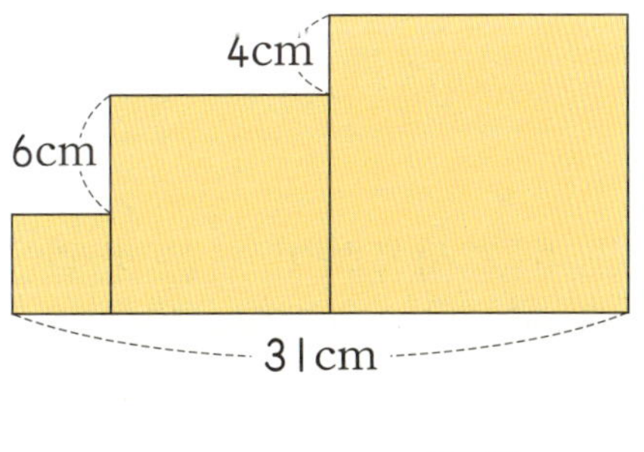

[답]

7 일의 자리에서 반올림하여 100이 되는 수의 범위를 이상과 이하를 사용하여 수직선에 나타내시오.

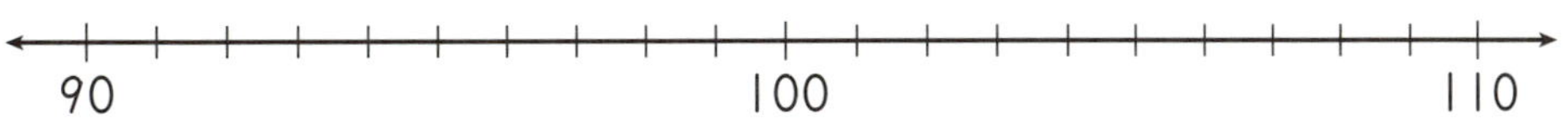

8 어느 회사에서 통조림 생산량을 조사하여 나타낸 꺾은선그래프입니다. 이 회사에서 통조림을 5일 동안에 3400개를 생산하였다고 합니다. 3일에 생산한 통조림은 몇 개인지 구하고 꺾은선그래프를 완성하시오.

통조림 생산량

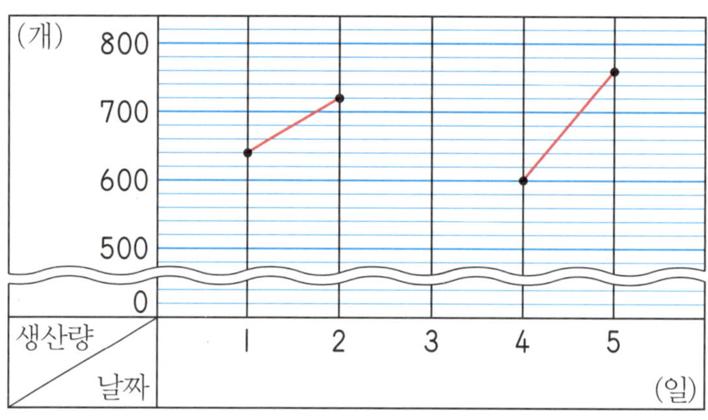

[답]

9 그림과 같이 성냥개비를 사용하여 다음과 같은 모양의 탑을 만들려고 합니다. 성냥개비 42개로 만들 수 있는 탑은 몇 층인지 구하시오.

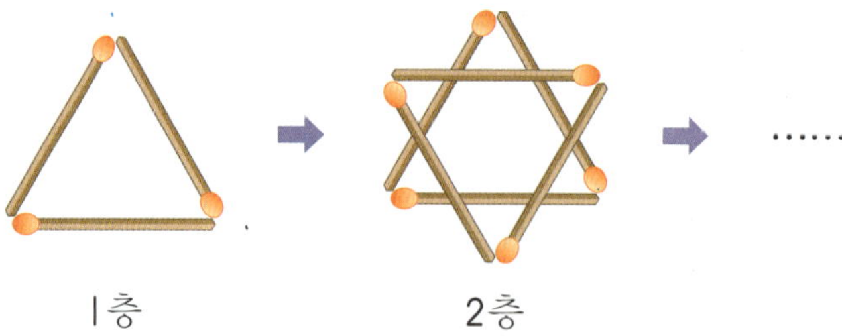

[답]

1 두 수의 크기를 비교하여 ◯ 안에 >, =, <를 알맞게 써넣으시오.

$$2\frac{4}{7}+3\frac{6}{7} \quad \bigcirc \quad 9\frac{1}{7}-2\frac{3}{7}$$

2 성철이가 책가방을 메고 무게를 재었더니 $39\frac{2}{9}$ kg이었습니다. 성철이의 몸 무게가 $36\frac{7}{9}$ kg이라면 책가방의 무게는 몇 kg입니까?

[답]

3 다음 5장의 숫자 카드를 한 번씩 모두 사용하여 소수 세 자리 수를 만들려고 합니다. 만들 수 있는 가장 큰 소수 세 자리 수와 가장 작은 소수 세 자리 수의 차를 구하시오.

[답]

4 두 직선이 만나서 이루는 각이 수직인 직선을 모두 찾아 쓰시오.

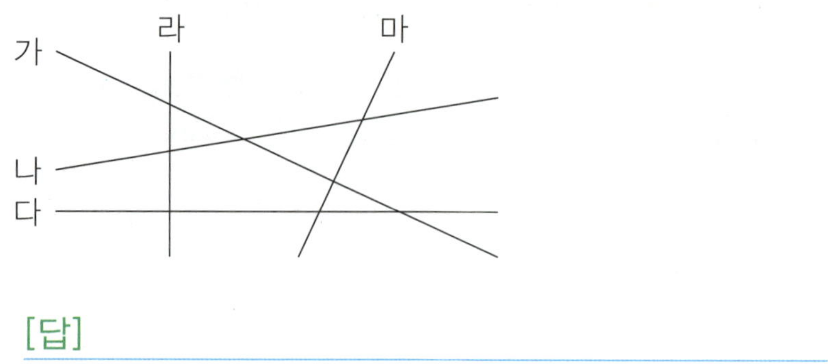

[답]

---

5 도형에서 변 ㄱㅇ과 평행한 변은 몇 개입니까?

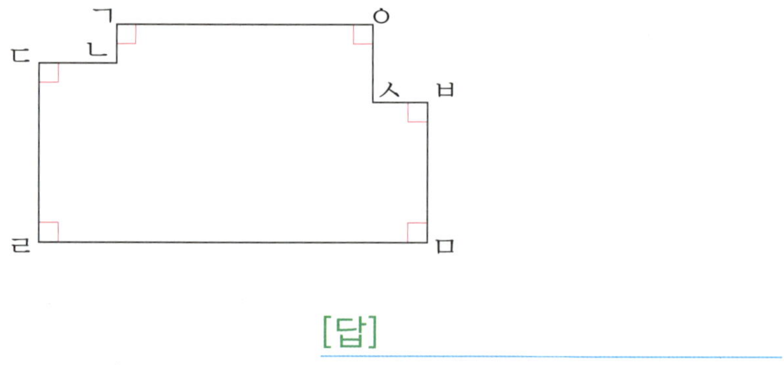

[답]

---

6 직선 가, 나, 다는 서로 평행합니다. 직선 나와 직선 다 사이의 거리는 몇 cm입니까?

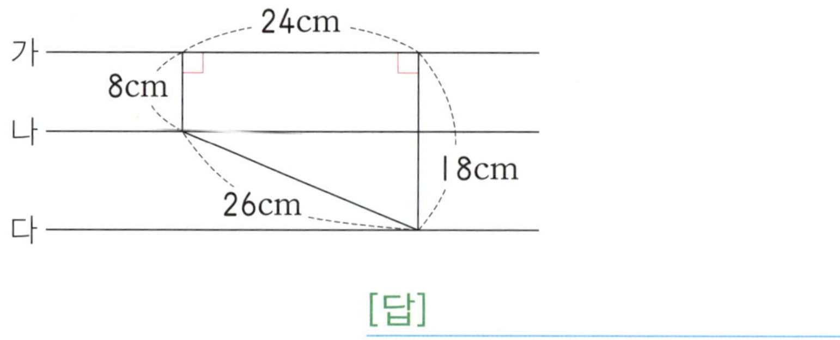

[답]

7 직사각형 모양의 종이를 점선을 따라 잘랐을 때, 만들어지는 사다리꼴은 몇 개입니까?

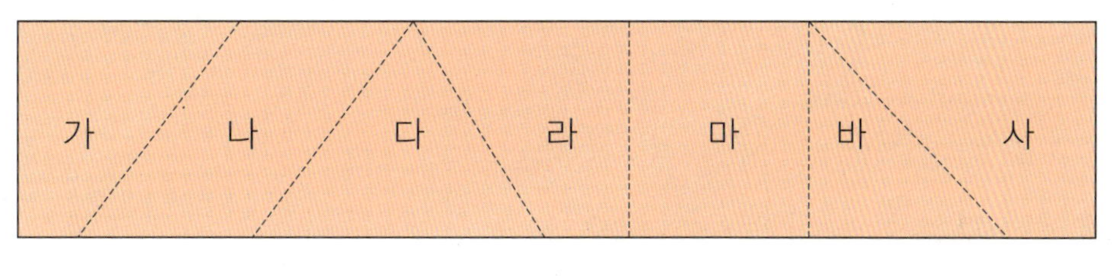

[답] ______________________

8 도형의 이름으로 볼 수 있는 것을 모두 고르시오. (　　　　　)

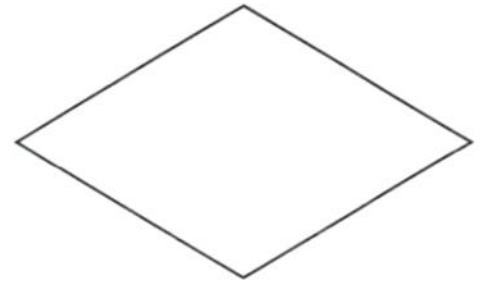

① 정사각형　　　　② 사다리꼴　　　　③ 평행사변형
④ 마름모　　　　　⑤ 직사각형

9 다음 조건을 모두 만족하는 도형의 이름을 쓰시오.

> • 12개의 선분으로 둘러싸여 있습니다.
> • 변의 길이가 모두 같습니다.
> • 각의 크기가 모두 같습니다.

[답] ______________________

10 둘레가 76cm이고, 세로가 17cm인 직사각형의 가로는 몇 cm입니까?

[답]

11 색칠한 부분의 넓이를 구하시오.

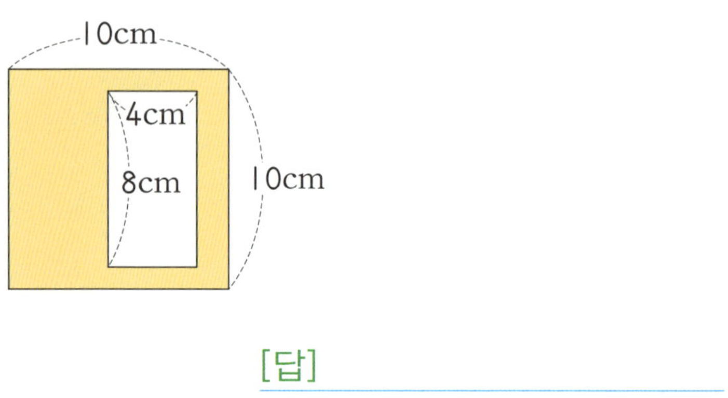

[답]

12 수의 범위를 수직선에 나타내시오.

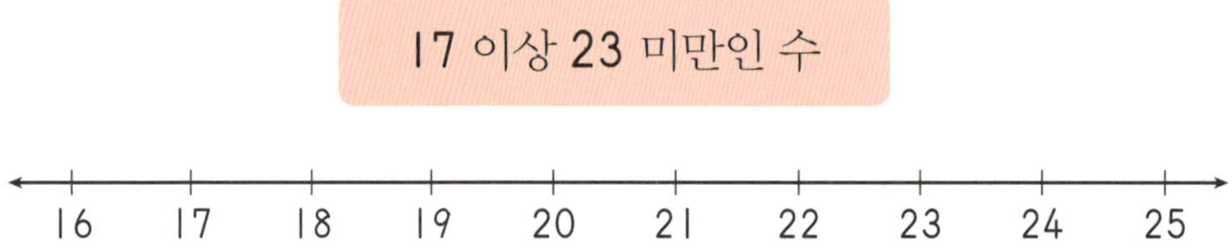

13 다음 수를 올림, 버림, 반올림하여 만의 자리까지 나타내시오.

수	올림	버림	반올림
63981			
305472			

가축을 기르는 가구 수

연도(년)	2006	2007	2008	2009	2010	2011
가구 수(가구)	720	760	680	660	560	520

14 표를 보고 물결선을 사용한 꺾은선그래프를 그리시오.

가축을 기르는 가구 수

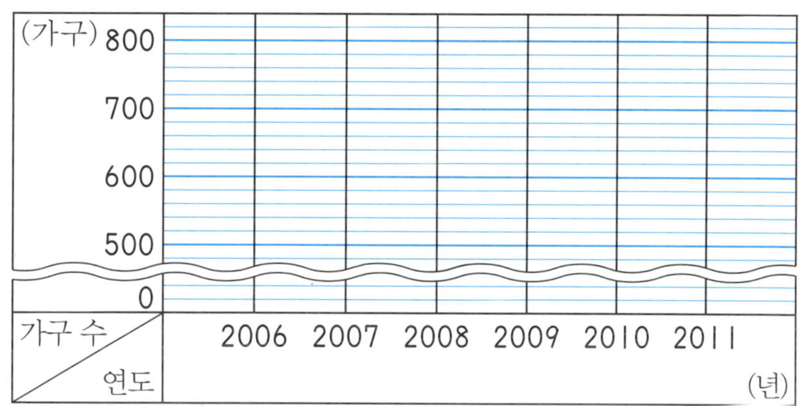

15 가축을 기르는 가구 수는 어떻게 변하였습니까?

[답]

16 가축을 기르는 가구 수의 변화가 가장 큰 때는 몇 년과 몇 년 사이입니까?

[답]

17 2012년에 가축을 기르는 가구 수는 어떻게 될 것이라고 예상합니까?

[답]

18 빈칸에 알맞은 수를 써넣고, 두 수 사이의 관계를 식으로 나타내시오.

◈	5	10		20	25	30	
◇		50	75	100			150	175

[답]

19 그림은 같은 크기의 삼각형 **8**개로 이루어진 직사각형 모양입니다. 크고 작은 평행사변형은 모두 몇 개입니까?

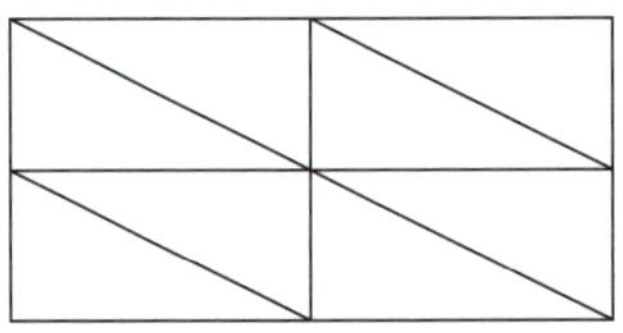

[답]

20 서로 다른 색의 전구 **4**개가 있습니다. 순서를 생각하지 않고 전구에 불을 켜서 신호를 보내는 방법은 모두 몇 가지입니까? (단, 불이 모두 꺼져 있는 상태는 신호를 보낸 것으로 생각하지 않습니다.)

[답]

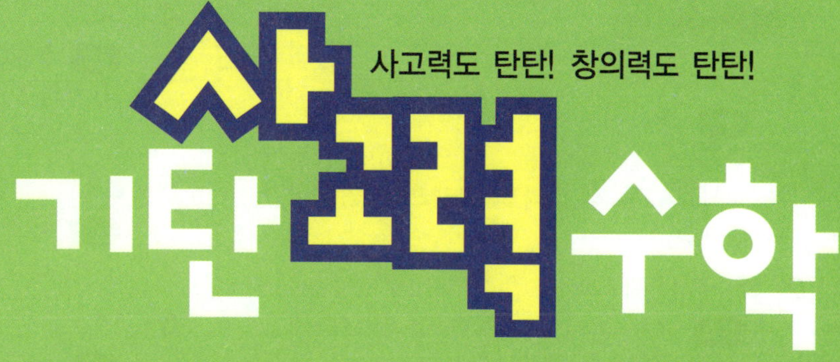

사고력도 탄탄! 창의력도 탄탄!
사고력 기탄사고력수학 해답

H301a~H360b

해답은 따로 보관하고 있다가
채점할 때 사용해 주세요.

301a~301b

1 꺾은선그래프

풀이 연속적으로 변화하는 양을 점으로 찍고 그 점들을 선분으로 연결하여 한눈에 알아보기 쉽게 나타낸 그래프를 꺾은선그래프라고 합니다.

2 5, 9, 12, 14

풀이 세로 눈금 5칸은 5cm를 나타내므로 한 칸은 1cm를 나타냅니다.
1일: 3cm, 2일: 5cm, 3일: 9cm
4일: 12cm, 5일: 14cm

3 시각, 온도

풀이 그래프의 가로 눈금은 시각과 같이 일정하게 정해져 있는 것을 나타내고, 세로 눈금은 온도와 같이 일정하지 않게 변화하는 것을 나타냅니다.

4 1℃

풀이 세로 눈금 5칸은 5℃를 나타내므로 한 칸은 1℃를 나타냅니다.

5 10℃

풀이 오전 11시의 세로 눈금이 10을 가리키므로 10℃입니다.

6 오후 2시

풀이 교실의 온도가 가장 높은 때는 찍힌 점이 가장 높은 때이므로 오후 2시입니다.

302a~302b

1 10개

풀이 세로 눈금 5칸은 50개를 나타내므로 한 칸은 10개를 나타냅니다.

2 8월

풀이 아이스크림이 가장 많이 팔린 때는 찍힌 점이 가장 높은 때이므로 8월입니다.

3 70개

풀이 4월의 세로 눈금이 70을 가리키므로 70개입니다.

4 80개

풀이 8월의 아이스크림 판매량은 220개, 10월의 아이스크림 판매량은 140개이므로 220-140=80(개) 줄었습니다.

5 2초

풀이 세로 눈금 5칸은 10초를 나타내므로 한 칸은 2초를 나타냅니다.

6 18초

풀이 금요일의 기록은 34초, 화요일의 기록은 16초이므로 34-16=18(초) 늘었습니다.

7 목요일

풀이 꺾은선이 위쪽으로 기울어진 정도가 가장 큰 곳이 가장 많이 늘어난 요일이므로 목요일입니다.

8 월요일

풀이 꺾은선이 기울어지지 않은 곳이 변화가 없는 때이므로 전날에 비해 변화가 없는 요일은 월요일입니다.

303a~303b

1~4

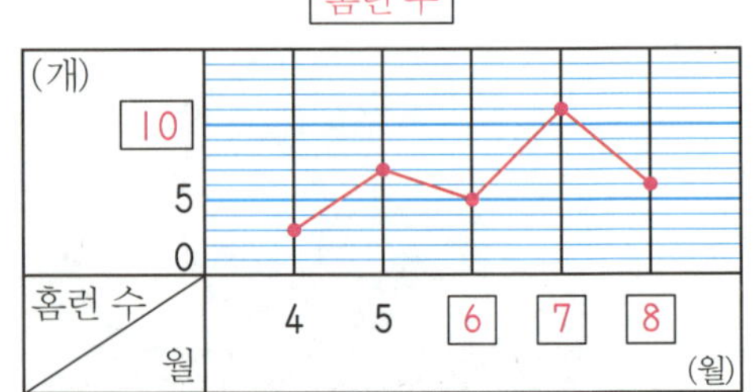

5 시각, 온도

풀이 그래프의 가로 눈금은 시각과 같이 일정하게 정해져 있는 것을 나타내고, 세로 눈금은 온도와 같이 일정하지 않게 변화하는 것을 나타냅니다.

6 1℃

풀이 온도가 일의 자리까지 나타나 있으므로 세로 눈금 한 칸의 크기는 1℃로 하는 것이 좋습니다.

7

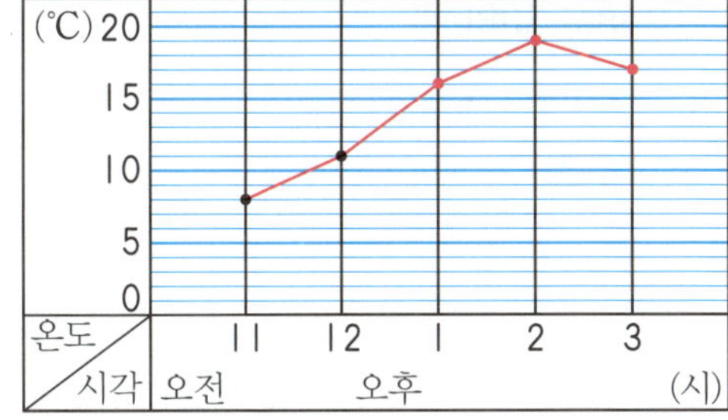

304a~304b

1

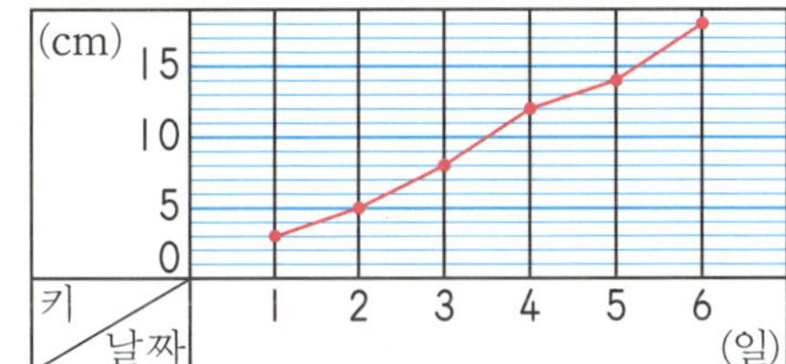

2

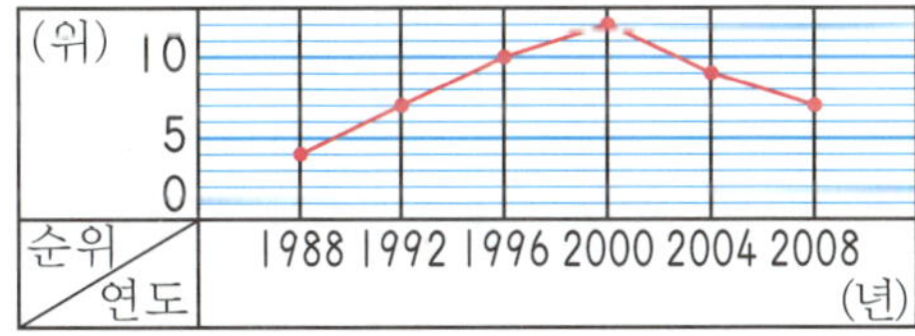

3 시각, 적설량

풀이 그래프의 가로 눈금은 시각과 같이 일정하게 정해져 있는 것을 나타내고, 세로 눈금은 적설량과 같이 일정하지 않게 변화하는 것을 나타냅니다.

4

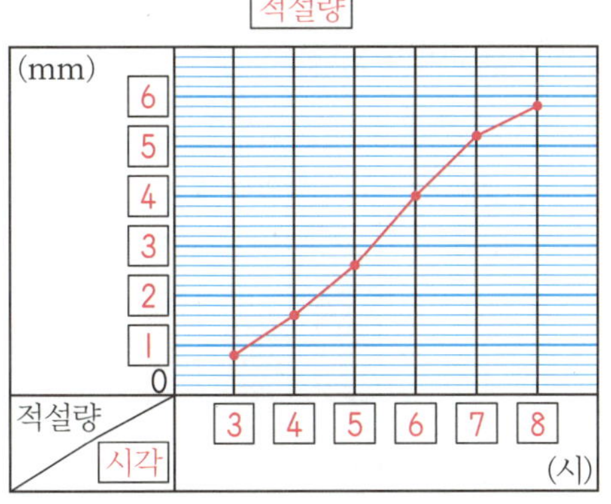

305a~305b

1 2kg

풀이 세로 눈금 5칸은 10kg을 나타내므로 한 칸은 2kg을 나타냅니다.

2 0.2kg

풀이 세로 눈금 5칸은 1kg을 나타내므로 한 칸은 0.2kg을 나타냅니다.

3 (나) 그래프

풀이 세로 눈금 한 칸의 크기가 작을수록 변화를 뚜렷하게 알 수 있습니다. 따라서 성미의 몸무게의 변화를 뚜렷하게 알 수 있는 것은 (나) 그래프입니다.

4 0.1℃

풀이 세로 눈금 5칸은 0.5℃를 나타내므로 한 칸은 0.1℃를 나타냅니다.

5 11일

풀이 하루 중 최고 기온이 가장 낮은 날은 찍힌 점이 가장 낮은 날이므로 11일입니다.

6 19.9, 20.5, 21.3, 20.9, 21.1, 20.6

306a~306b

1 138.9cm

풀이 9월 1일의 형기의 키는 세로 눈금이 138.9를 가리키므로 138.9cm입니다.

2 0.5cm

풀이 눈금 한 칸의 크기는 0.1cm입니다. 12월 1일은 11월 1일보다 눈금 5칸만큼 올라갔으므로 0.5cm 자랐습니다.

3 139.8cm쯤

풀이 10월 15일은 10월 1일과 11월 1일의 중간값이므로 10월 15일의 형기의 키는 139.8cm쯤 됩니다.

4 9월과 10월 사이

풀이 꺾은선이 위쪽으로 기울어진 정도가 가장 큰 곳이 가장 많이 자랐을 때이므로 9월과 10월 사이입니다.

※해답은 따로 보관하고 있다가 채점할 때 사용해 주세요.

5

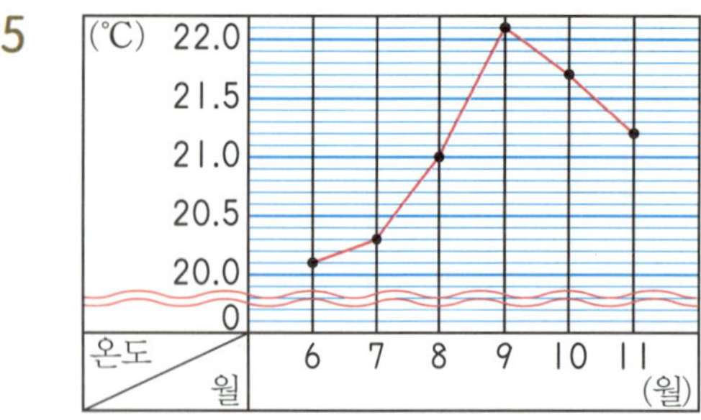

6 21.7℃

풀이 10월 1일의 해수면의 온도는 세로 눈금이 21.7을 가리키므로 21.7℃입니다.

7 9월

풀이 꺾은선이 아래쪽으로 기울어지기 시작한 시점을 찾으면 9월입니다.

8 1.8℃

풀이 9월은 22.1℃, 7월은 20.3℃이므로 22.1−20.3=1.8(℃) 올랐습니다.

1~5

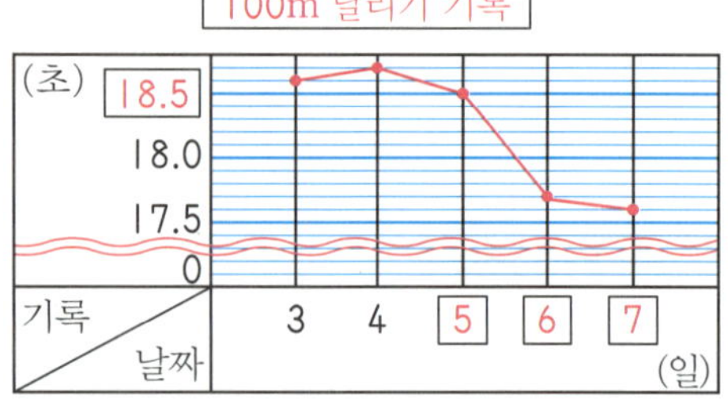

6 2.5kg부터 4.0kg까지

풀이 무게가 가장 작은 값은 2.5kg이고, 가장 큰 값은 4.0kg입니다.

7 0.1kg

풀이 무게가 영점 일의 자리까지 나타나 있으므로 세로 눈금 한 칸의 크기는 0.1kg으로 하는 것이 좋습니다.

8

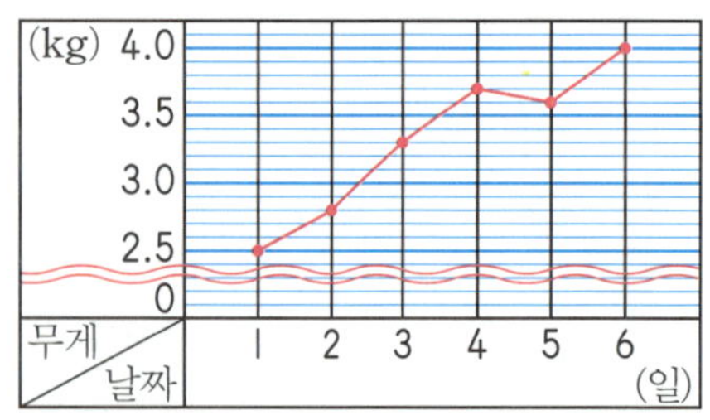

1 50명 밑부분까지

풀이 학생 수가 가장 적을 때가 51명이므로 50명까지는 물결선으로 나타내는 것이 좋습니다.

2

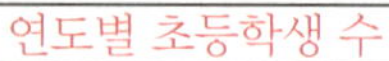

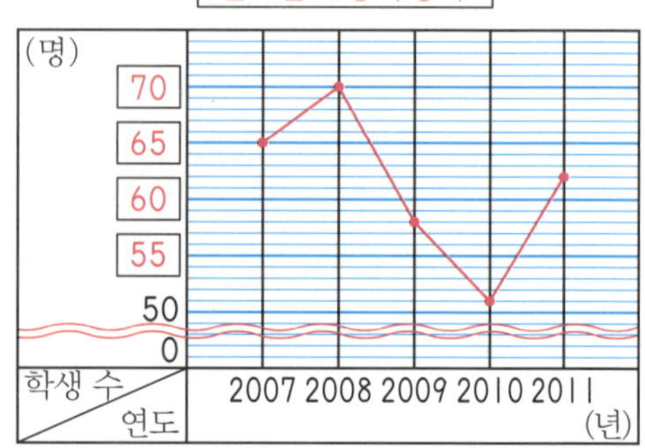

3 14.0℃ 밑부분까지

풀이 온도가 가장 낮을 때가 14.0℃이므로 14.0℃까지는 물결선으로 나타내는 것이 좋습니다.

4

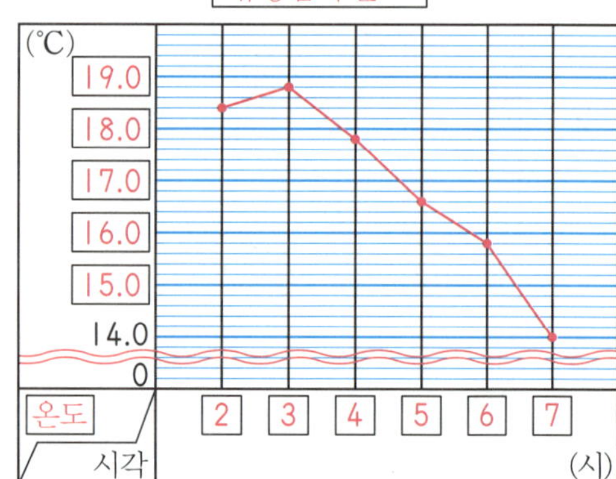

1 막대그래프

2

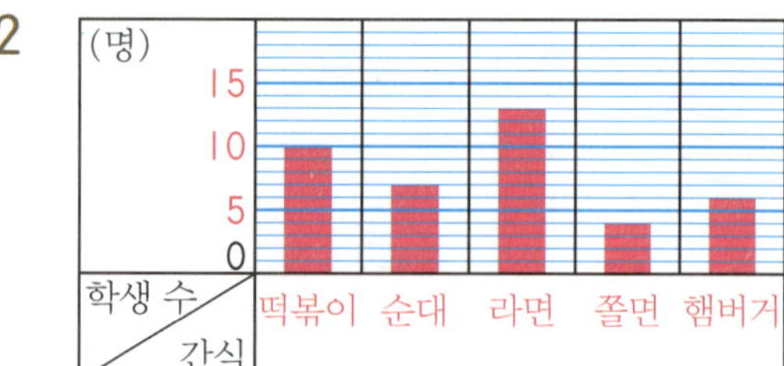

3 〈예〉각 부분의 크기를 비교하기 쉽기 때문입니다.

4 꺾은선그래프

5 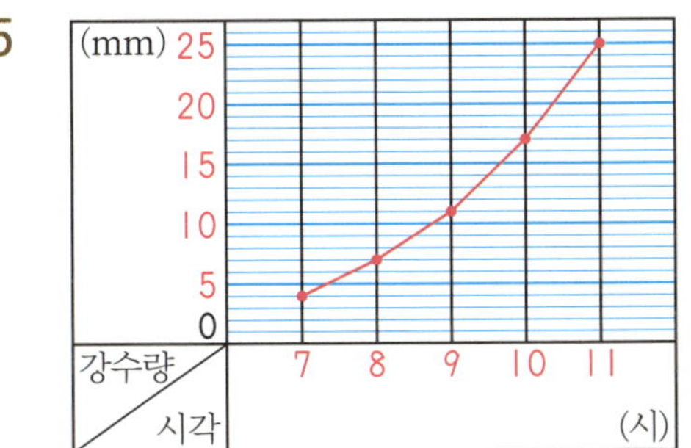

6 〈예〉시간에 따른 변화를 파악하기 쉽기 때문입니다.

310a~310b

1 꺾은선그래프

2 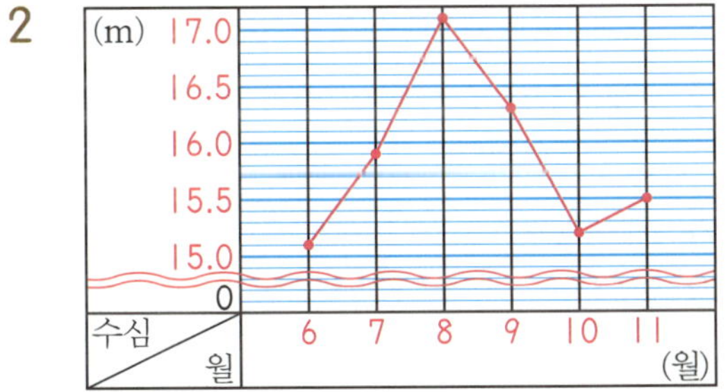

3 7월과 8월 사이

〈풀이〉꺾은선의 기울어진 정도가 가장 큰 곳이 변화가 가장 큰 때이므로 수심의 변화가 가장 큰 때는 7월과 8월 사이입니다.

4 막대그래프

5 꺾은선그래프

6 막대그래프

7 꺾은선그래프

8 꺾은선그래프

9 막대그래프

10 꺾은선그래프

311a~311b

1 오후 1시

〈풀이〉운동장의 온도가 가장 높은 때는 찍힌 점이 가장 높은 때이므로 오후 1시입니다.

2 13℃쯤

〈풀이〉오전 11시 30분의 온도는 오전 11시와 낮 12시의 중간값입니다. 따라서 오전 11시 30분의 온도는 13℃쯤 됩니다.

3 오후 1시와 오후 2시 사이

〈풀이〉꺾은선이 아래쪽으로 기울어지기 시작한 시점을 찾으면 오후 1시와 오후 2시 사이입니다.

4 〈예〉감소하였습니다.

〈풀이〉꺾은선이 아래쪽으로 기울어져 있으므로 점점 감소하였습니다.

5 2010년과 2011년 사이

〈풀이〉꺾은선의 기울어진 정도가 가장 큰 곳이 변화가 가장 큰 때이므로 인구수의 변화가 가장 큰 때는 2010년과 2011년 사이입니다.

6 〈예〉2011년의 인구수 21000명보다 감소할 것으로 예상합니다.

312a~312b

1 2006년

〈풀이〉전년도에 비해 꺾은선이 아래쪽으로 기울어진 해는 2006년입니다.

2 〈예〉2011년의 관중 수 680만 명보다 증가할 것으로 예상합니다.

3 〈예〉감소하였습니다.

〈풀이〉꺾은선이 아래쪽으로 기울어져 있으므로 점점 감소하였습니다.

4 2010년

〈풀이〉꺾은선이 아래쪽으로 기울어진 정도가 가장 큰 곳이 가장 많이 감소한 해이므로 2010년입니다.

5 ㉠ 2011년의 농사를 짓는 610가구보다 감소할 것으로 예상합니다.

313a~313b 창의력 학습

a 초롱

풀이 세로 눈금 5칸은 100개를 나타내므로 한 칸은 20개를 나타냅니다. 따라서 9월은 전달보다 3칸이 증가하였으므로 제품 판매량이 60개 증가하였습니다.

b
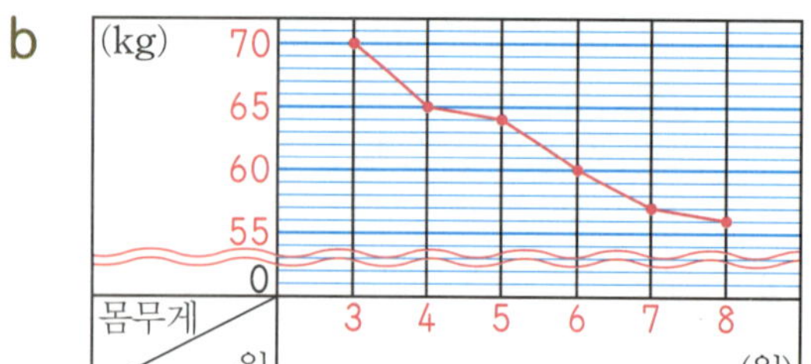

풀이 공주의 몸무게의 변화를 쉽게 비교하려면 꺾은선그래프로 나타내어야 합니다.

314a~315b 경시대회 예상문제

1 125.1cm부터 142.2cm까지

풀이 가장 작은 값은 125.1cm이고, 가장 큰 값은 142.2cm입니다.

2 ㉣

풀이 세로 눈금 한 칸의 크기가 작을수록 변화를 뚜렷하게 알 수 있습니다.

3 3일을 제외한 5일 동안 생산한 제품은
$1460+1560+1520+1660+1580$
$=7780$(개)입니다.
6일 동안에 9300개 생산하였으므로 3일에 생산한 제품은
$9300-7780=1520$(개)입니다.
[답] 1520개

평가 기준	
상	5일 동안 생산한 제품의 개수를 구하고 답을 바르게 구한 경우
중	5일 동안 생산한 제품의 개수는 구하였으나 답을 구하지 못한 경우
하	풀이 과정과 답을 구하지 못한 경우

4
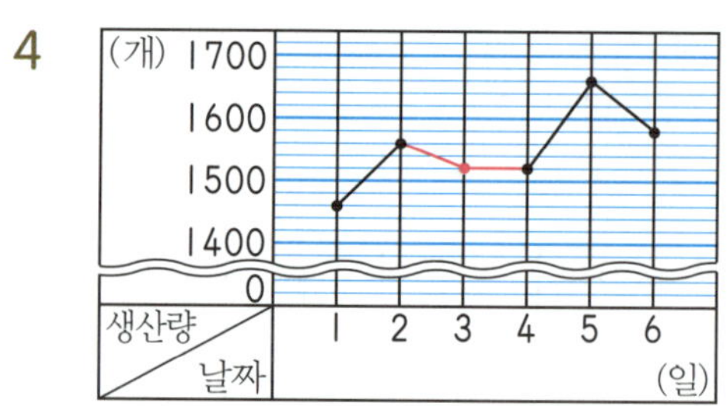

5 200개

풀이 제품 생산량이 가장 많을 때는 5일 1660개이고, 가장 적을 때는 1일 1460개입니다.
➡ $1660-1460=200$(개)

6 수학 성적의 차가 가장 큰 때는 6월이고 이때 지웅이의 성적은 94점, 다영이의 성적은 83점입니다. 따라서 점수 차는 $94-83=11$(점)입니다.
[답] 지웅, 11점

평가 기준	
상	수학 성적의 차가 가장 큰 때를 알고 답을 바르게 구한 경우
중	수학 성적의 차가 가장 큰 때는 알았으나 답을 구하지 못한 경우
하	풀이 과정과 답을 구하지 못한 경우

7 ㉠ 6월의 다영이의 수학 성적은 8점 떨어졌습니다.

8 ㉠ 점점 감소하였습니다.

9 9월

10 가 대리점, 90명

풀이 8월의 가 대리점의 가입자 수는 980명, 나 대리점의 가입자 수는 890명이므로 가 대리점의 가입자 수가 $980-890=90$(명) 더 많습니다.

11 ㉠ 나 대리점의 휴대전화 가입자 수는 40명 증가하였습니다.

풀이 가 대리점의 휴대전화 가입자 수가 전달보다 가장 많이 줄어든 때는 9월입니다.

316a~316b

1 2도막   **2** 3도막

3 5, 6, 7, 8, 9 **4** 1

5 6개 **6** 9개

7 6, 9, 12, 15, 18 **8** 3

317a~317b

1 8, 12, 16

풀이 자동차 1대의 바퀴 수는 4개이므로 자동차가 1대 늘어날 때마다 바퀴 수는 4개씩 늘어납니다.

2 8, 9, 10, 11

풀이 오빠의 나이는 가인이의 나이보다 2살 많습니다.

3 2, 4, 6, 8, 10, 12

풀이 오리 1마리의 다리 수는 2개이므로 오리가 1마리 늘어날 때마다 다리 수는 2개씩 늘어납니다.

4 15, 20, 25, 30, 35, 40

풀이 오각형 1개의 변의 수는 5개이므로 오각형이 1개 늘어날 때마다 변의 수는 5개씩 늘어납니다.

5 10, 11, 12, 13

풀이 $1+6=7$, $2+6=8$, $3+6=9$
➡ □는 ■보다 6 큽니다.

6 3, 4, 6, 8

풀이 $6÷3=2$, $15÷3=5$, $21÷3=7$
➡ □는 ■를 3으로 나눈 몫입니다.

7 20, 30, 40, 45

풀이 $3×5=15$, $5×5=25$, $7×5=35$
➡ □는 ■의 5배입니다.

8 5, 4, 2, 0

풀이 $12-6=6$, $9-6=3$, $7-6=1$
➡ □는 ■보다 6 작습니다.

318a~318b

1 (왼쪽에서부터) 3, 9, 6, 12 / 5

풀이 $1+5=6$, $2+5=7$, $5+5=10$
➡ ○는 ●보다 5 큽니다.

2 (왼쪽에서부터) 4, 10, 7, 8 / 2

풀이 $4÷2=2$, $6÷2=3$, $12÷2=6$
➡ ○는 ●를 2로 나눈 몫입니다.

3 (왼쪽에서부터) 11, 13, 7, 9 / 7

풀이 $10-7=3$, $12-7=5$, $15-7=8$
➡ ○는 ●보다 7 작습니다.

4 (왼쪽에서부터) 15, 6, 8, 27 / 3

풀이 $3×3=9$, $4×3=12$, $7×3=21$
➡ ○는 ●의 3배입니다.

5 (왼쪽에서부터) 14, 15, 10, 11
/ 예 ◇는 ◆보다 7 큽니다.

6 (왼쪽에서부터) 40, 5, 6, 80
/ 예 ◇는 ◆를 10으로 나눈 몫입니다.

7 (왼쪽에서부터) 3, 4, 15, 18
/ 예 ◇는 ◆보다 9 작습니다.

8 예 책상 다리 수는 책상 수의 4배입니다.

319a~319b

1 14살 **2** 15살

3 14, 15, 16, 17, 18

4 4, 4

풀이 오빠이 나이(●)는 지연이의 나이(■)보다 4살 많습니다. ➡ ●=■+4
또는 지연이의 나이(■)는 오빠의 나이(●)보다 4살 적습니다. ➡ ■=●−4

5 15개 **6** 25개

7 10, 15, 20, 25, 30

8 예 구슬의 수는 주머니 수의 5배입니다.

9 ■=●÷5 또는 ●=■×5

320a~320b

1 5, 6, 7 / 1

풀이 자른 횟수는 도막의 수보다 1 작습니다.

2 4, 5, 6 / 4

풀이 꼭짓점의 수는 사각형의 수의 4배입니다.

3 (왼쪽에서부터) 30, 6, 48 / 6

풀이 개미의 수는 개미 다리의 수를 6으로 나눈 몫과 같습니다.

4 (왼쪽에서부터) 11, 11, 12 / 2

풀이 형의 나이는 동생의 나이보다 2살 많습니다.

5 ◆=◇−4 또는 ◇=◆+4

풀이 $7-4=3$, $8-4=4$, $9-4=5$, $10-4=6$, $11-4=7$, $12-4=8$
➡ ◆는 ◇보다 4 작습니다.

6 ◆=◇÷10 또는 ◇=◆×10

풀이 $10÷10=1$, $20÷10=2$, $30÷10=3$, $40÷10=4$, $50÷10=5$, $60÷10=6$
➡ ◆는 ◇를 10으로 나눈 몫입니다.

7 ◆=◇+6 또는 ◇=◆−6

풀이 $10+6=16$, $9+6=15$, $8+6=14$, $7+6=13$, $6+6=12$, $5+6=11$
➡ ◆는 ◇보다 6 큽니다.

8 ◆+◇=7
(◆=7−◇ 또는 ◇=7−◆)

풀이 ◆가 1씩 작아지면 ◇는 1씩 커집니다.

---

1 12, 13, 14, 15
/ ◉=○−8 또는 ○=◉+8

풀이 $9-8=1$, $10-8=2$, $11-8=3$,
➡ ◉는 ○보다 8 작습니다.

2 4, 5, 7, 8 / ◉=○×5 또는 ○=◉÷5

풀이 $2×5=10$, $3×5=15$, $6×5=30$
➡ ◉는 ○의 5배입니다.

3 (왼쪽에서부터) 12, 16, 10, 22
/ ◉=○÷2 또는 ○=◉×2

풀이 $10÷2=5$, $14÷2=7$, $18÷2=9$
➡ ◉는 ○를 2로 나눈 몫입니다.

4 (왼쪽에서부터) 7, 14, 10, 18
/ ◉=○+6 또는 ○=◉−6

풀이 $6+6=12$, $9+6=15$, $11+6=17$
➡ ◉는 ○보다 6 큽니다.

5 □=◇+33 또는 ◇=□−33

풀이

□	44	45	46	……
◇	11	12	13	……

➡ 아버지의 연세는 성우의 나이보다 33살 많습니다.

6 ○=△×10 또는 △=○÷10

풀이

○	10	20	30	……
△	1	2	3	……

➡ 오징어의 다리 수는 오징어 수의 10배입니다.

7 ◉=◎÷6 또는 ◎=◉×6

풀이

◉	1	2	3	……
◎	6	12	18	……

➡ 육각형의 수는 육각형의 변의 수를 6으로 나눈 몫입니다.

8 ■+□=24
(■=24−□ 또는 □=24−■)

풀이

■	11	12	13	……
□	13	12	11	……

➡ 하루는 24시간입니다.

---

1 깃발을 올려서 신호를 보내는 방법의 수

2 3가지

풀이 깃발을 1개씩 들어 올려서 보내는 방법: (파란색), (노란색), (초록색) ➡ 3가지

3 3가지

풀이 깃발을 2개씩 들어 올려서 보내는 방법: (파란색, 노란색), (파란색, 초록색), (노란색, 초록색) ➡ 3가지

4 1가지

(풀이) 깃발을 3개씩 들어 올려서 보내는 방법: (파란색, 노란색, 초록색) ➡ 1가지

5 7가지

(풀이) 깃발 3개 중에서 몇 개를 올려서 신호를 보내는 방법은 3＋3＋1＝7(가지)입니다.

6 3가지

(풀이) 깃발을 1개씩 들어 올려서 보내는 방법: (빨간색), (노란색)

깃발을 2개씩 들어 올려서 보내는 방법: (빨간색, 노란색)

➡ 2＋1＝3(가지)

7 7가지

(풀이) 불을 1개씩 켜서 보내는 방법: (노란색), (초록색), (빨간색)

불을 2개씩 켜서 보내는 방법: (노란색, 초록색), (노란색, 빨간색), (초록색, 빨간색)

불을 3개씩 켜서 보내는 방법: (노란색, 초록색, 빨간색)

➡ 3＋3＋1＝7(가지)

8 7가지

(풀이) 색연필을 1자루씩 넣는 방법: (파란색), (빨간색), (노란색)

색연필을 2자루씩 넣는 방법: (파란색, 빨간색), (파란색, 노란색), (빨간색, 노란색)

색연필을 3자루씩 넣는 방법: (파란색, 빨간색, 노란색)

➡ 3＋3＋1＝7(가지)

323a~323b

1 숫자 카드를 사용하여 만들 수 있는 수의 개수

2 2, 4, 7

3 24, 27, 42, 47, 72, 74

4 247, 274, 427, 472, 724, 742

5 15개

6 4개

(풀이) 숫자 카드를 1개 사용하여 만들 수 있는 수: 3, 8

숫자 카드를 2개 사용하여 만들 수 있는 수: 38, 83

➡ 2＋2＝4(개)

7 15개

(풀이) 숫자 카드를 1개 사용하여 만들 수 있는 수: 1, 4, 5

숫자 카드를 2개 사용하여 만들 수 있는 수: 14, 15, 41, 45, 51, 54

숫자 카드를 3개 사용하여 만들 수 있는 수: 145, 154, 415, 451, 514, 541

➡ 3＋6＋6＝15(개)

8 8개

(풀이) 숫자 카드를 1개 사용하여 만들 수 있는 수: 2, 7

숫자 카드를 2개 사용하여 만들 수 있는 수: 27, 72, 77

숫자 카드를 3개 사용하여 만들 수 있는 수: 277, 727, 772

➡ 2＋3＋3＝8(개)

324a~324b

1 6개 **2** 7개

3 2개 **4** 2개

5 1개 **6** 18개

7 11개

(풀이) 정사각형 1개로 이루어진 정사각형: 8개

정사각형 4개로 이루어진 정사각형: 3개

➡ 8＋3＝11(개)

8 6개

(풀이) 정삼각형 2개로 이루어진 사다리꼴: 3개

정삼각형 3개로 이루어진 사다리꼴: 3개

➡ 3＋3＝6(개)

9 6개

> **풀이** 정사각형 1개로 이루어진 직사각형
> : 1개
> 정사각형 2개로 이루어진 직사각형: 1개
> 정사각형 3개로 이루어진 직사각형: 1개
> 정사각형 4개로 이루어진 직사각형: 1개
> 정사각형 5개로 이루어진 직사각형: 1개
> 정사각형 6개로 이루어진 직사각형: 1개
> ➡ 1＋1＋1＋1＋1＋1＝6(개)

325a~325b

1 러, 로, 머, 모   **2** 4개

3 럼, 롬, 멀, 몰   **4** 4개

5 8개

6 4개

> **풀이** 받침이 없는 글자: 고, 도
> 받침이 있는 글자: 곧, 독
> ➡ 2＋2＝4(개)

7 9개

> **풀이** 받침이 없는 글자: 너, 러, 어
> 받침이 있는 글자: 널, 넝, 런, 렁, 언, 얼
> ➡ 3＋6＝9(개)

8 8개

> **풀이** 받침이 없는 글자: 아, 우, 사, 수
> 받침이 있는 글자: 앗, 웃, 상, 숭
> ➡ 4＋4＝8(개)

9 8개

> **풀이** 받침이 없는 글자: 버, 비, 저, 지
> 받침이 있는 글자: 벗, 빚, 접, 집
> ➡ 4＋4＝8(개)

326a~326b

1 4개   **2** 16개

3 **예** 각 변을 2등분할 때마다 가장 작은 정
사각형이 4배씩 늘어나는 규칙으로 구
할 수 있습니다.

4 64개

5 27개

> **풀이** 가로를 3등분할 때마다 가장 작은
> 직사각형이 3배씩 늘어나는 규칙입니다.
> 따라서 네 번째 그림에서 만들어지는 가장
> 작은 직사각형은 9×3＝27(개)입니다.

6 64개

> **풀이** 각 변을 2등분할 때마다 가장 작은
> 정삼각형이 4배씩 늘어나는 규칙입니다.
> 따라서 네 번째 그림에서 만들어지는 가장
> 작은 정삼각형은 16×4＝64(개)입니다.

7 20cm^2

> **풀이** 직사각형의 가로가 2cm씩 늘어나
> 는 규칙입니다. 따라서 다섯 번째 그림에
> 서 만들어지는 직사각형의 가로는 10cm,
> 세로는 2cm이므로 직사각형의 넓이는
> 10×2＝20(cm^2)입니다.

327a~327b

1 7가지

> **풀이** 동전을 1개 집었을 때:
> (100원), (50원), (10원)
> 동전을 2개 집었을 때:
> (100원, 50원), (100원, 10원)
> (50원, 10원)
> 동전을 3개 집었을 때:
> (100원, 50원, 10원)
> ➡ 3＋3＋1＝7(가지)

2 15개

> **풀이** 숫자 카드를 1개 사용하여 만들 수
> 있는 수: 2, 5, 8
> 숫자 카드를 2개 사용하여 만들 수 있는
> 수: 25, 28, 52, 58, 82, 85
> 숫자 카드를 3개 사용하여 만들 수 있는
> 수: 258, 285, 528, 582, 825, 852
> ➡ 3＋6＋6＝15(개)

3 50개

> **풀이** 정사각형 1개로 이루어진 정사각형
> : 24개

정사각형 4개로 이루어진 정사각형: 15개
정사각형 9개로 이루어진 정사각형: 8개
정사각형 16개로 이루어진 정사각형: 3개
➡ $24+15+8+3=50$(개)

4 16개

풀이 정사각형 1개로 이루어진 직사각형
: 1개
정사각형 2개로 이루어진 직사각형: 4개
정사각형 3개로 이루어진 직사각형: 2개
정사각형 4개로 이루어진 직사각형: 4개
정사각형 6개로 이루어진 직사각형: 4개
정사각형 9개로 이루어진 직사각형: 1개
➡ $1+4+2+4+4+1=16$(개)

5 8개

풀이 받침이 없는 글자: 루, 라, 우, 아
받침이 있는 글자: 룽, 랑, 울, 알
➡ $4+4=8$(개)

6 16개

풀이 세로를 2등분할 때마다 가장 작은 직사각형이 2배씩 늘어나는 규칙입니다. 따라서 다섯 번째 그림에서 만들어지는 가장 작은 직사각형은 $4×2×2=16$(개)입니다.

328a~328b 창의력 학습

a 성실 나무꾼, 1분

풀이 나무를 10도막 내려면 나무를 9번 잘라야 합니다. 따라서 열심 나무꾼은 $4×9=36$(분)이 걸립니다.
나무를 6도막 내려면 나무를 5번 잘라야 합니다. 따라서 성실 나무꾼은
$7×5=35$(분)이 걸립니다.
따라서 성실 나무꾼이 1분 더 빨리 나무를 자르게 됩니다.

b 아빠: 55, 첫째: 26, 둘째: 24, 셋째: 21, 넷째: 19

풀이 엄마의 나이가 37세에서 53세로 변하였으므로 위의 사진의 16년 후의 모습이 아래 사진입니다.

329a~330b 경시대회 예상문제

1 $□=○-9$ 또는 $○=□+9$

풀이 $28-9=19$, $26-9=17$,
$24-9=15$, $22-9=13$,
$20-9=11$, $18-9=9$

2 41

풀이 $○=□+9$ ➡ $○=32+9=41$

3 23

풀이 $□=○-9$ ➡ $□=32-9=23$

4 ②, ③

풀이

◎	10	11	12	……
◇	40	41	42	……

➡ $◎=◇-30$ 또는 $◇=◎+30$

5 $■=▲+1$ 또는 $▲=■-1$

풀이

■	2	3	4	……
▲	1	2	3	……

6 10개

풀이 $■=▲+1$ ➡ $■=9+1=10$

7 (예) $◆=●×3+1$

풀이

●	1	2	3	……
◆	4	7	10	……

성냥개비의 수는 정사각형의 수의 3배보다 1 큽니다.

8 12개

풀이 $◆=●×3+1$
➡ $37=●×3+1$, $●=12$

9 15가지

풀이 깃발을 1개씩 들어 올려서 보내는 방법: (빨간색), (노란색), (초록색), (보라색)
깃발을 2개씩 들어 올려서 보내는 방법:
(빨간색, 노란색), (빨간색, 초록색),
(빨간색, 보라색), (노란색, 초록색),
(노란색, 보라색), (초록색, 보라색)
깃발을 3개씩 들어 올려서 보내는 방법:
(빨간색, 노란색, 초록색),
(빨간색, 노란색, 보라색),
(빨간색, 초록색, 보라색),
(노란색, 초록색, 보라색)

깃발을 4개씩 들어 올려서 보내는 방법:
(빨간색, 노란색, 초록색, 보라색)
➡ $4+6+4+1=15$(가지)

10 9개

풀이 정삼각형 1개로 이루어진 정삼각형
: 1개
정삼각형 4개로 이루어진 정삼각형: 4개
정삼각형 9개로 이루어진 정삼각형: 3개
정삼각형 16개로 이루어진 정삼각형: 1개
➡ $1+4+3+1=9$(개)

11 18개

풀이 숫자 카드를 1개 사용하여 만들 수
있는 수: 4, 8
숫자 카드를 2개 사용하여 만들 수 있는
수: 44, 48, 84, 88
숫자 카드를 3개 사용하여 만들 수 있는
수: 448, 484, 488, 844, 848, 884
숫자 카드를 4개 사용하여 만들 수 있는
수: 4488, 4848, 4884, 8448, 8484,
8844
➡ $2+4+6+6=18$(개)

12 사람 수는 탁자 수의 4배입니다.
➡ (사람 수)=(탁자 수)×4
➡ 28=(탁자 수)×4, (탁자 수)=7
[답] 7개

평가 기준	
상	사람 수와 탁자 수 사이의 관계를 알고 답을 바르게 구한 경우
중	사람 수와 탁자 수 사이의 관계는 알았으나 답을 구하지 못한 경우
하	풀이 과정과 답을 구하지 못한 경우

13 새로 만들어진 작은 정사각형의 넓이는
이전에 만들어진 정사각형의 넓이의 반입
니다.
(새로 만들어진 작은 정사각형의 넓이)
=(이전에 만들어진 정사각형의 넓이)÷2
(첫 번째 정사각형의 넓이)
=$16×16=256$(cm^2)
(두 번째 정사각형의 넓이)
=$256÷2=128$(cm^2)
(세 번째 정사각형의 넓이)
=$128÷2=64$(cm^2)

(네 번째 정사각형의 넓이)
=$64÷2=32$(cm^2)
(다섯 번째 정사각형의 넓이)
=$32÷2=16$(cm^2)
[답] 16cm^2

평가 기준	
상	새로 만들어진 정사각형의 넓이의 관계를 알고 답을 바르게 구한 경우
중	새로 만들어진 정사각형의 넓이의 관계는 알았으나 답을 구하지 못한 경우
하	풀이 과정과 답을 구하지 못한 경우

331a~332b

1 시각, 온도

2 1℃

풀이 세로 눈금 5칸은 5℃를 나타내므로
한 칸은 1℃를 나타냅니다.

3 16℃

4 1030개, 1180개

5 10개

6
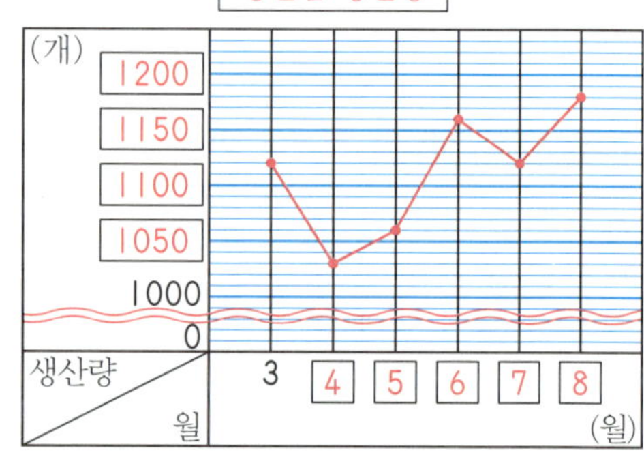

7 꺾은선그래프

8
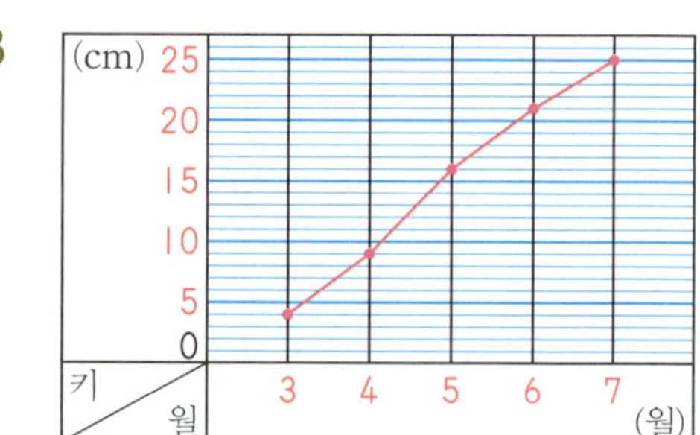

9 ⑩ 식물의 키의 변화를 시간의 흐름에 따라 알아보기 쉽기 때문입니다.

10 ⑩ 점점 증가하였습니다.

11 500kg

⟨풀이⟩ 2007년의 사과 생산량은 1500kg이고, 2008년의 사과 생산량은 2000kg이므로 2000−1500=500(kg) 늘어났습니다.

12 ⑩ 사과 생산량이 점점 증가하였으므로 2012년에는 2011년의 사과 생산량인 2400kg보다 증가할 것으로 예상합니다.

333a~334b

1 1대

⟨풀이⟩ 세로 눈금 5칸은 5대를 나타내므로 한 칸은 1대를 나타냅니다.

2 17, 23, 14, 11, 15, 20

3 7월

4 17.6℃, 19.3℃

5

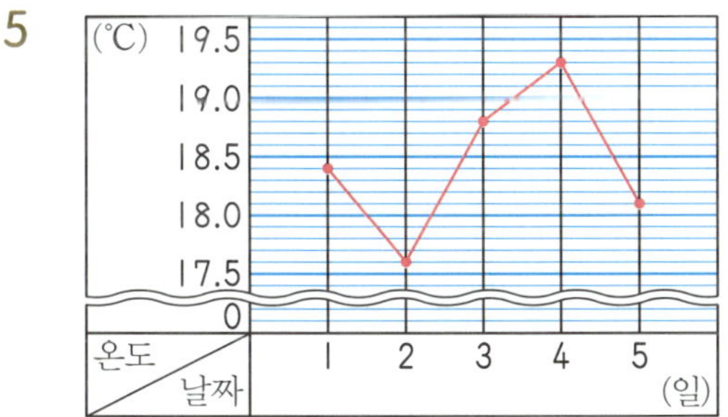

6 5일

7 ㉠, ㉢

8 480, 520, 460, 480, 430

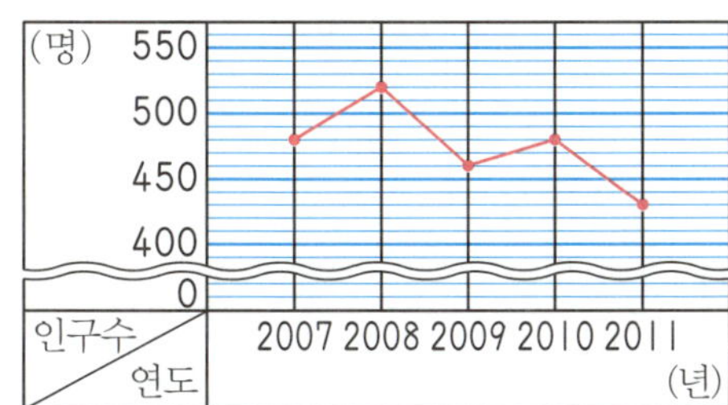

9 ⑩ 감소하다가 증가하였습니다.

10 2010년

11 ⑩ 신생아 수가 점점 감소하였으나 2010년부터 증가하였으므로 2012년에도 신생아 수가 증가할 것이라고 예상합니다.

335a~336b

1

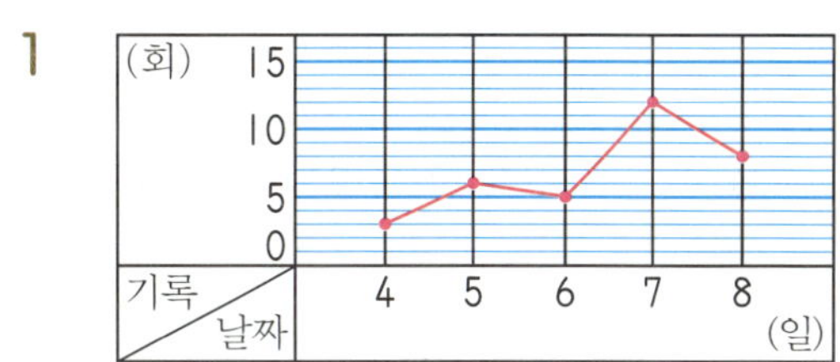

2 19℃쯤

⟨풀이⟩ 오후 1시 30분의 교실의 온도는 오후 1시의 교실의 온도 17℃와 오후 2시의 교실의 온도 21℃의 중간값이므로 19℃쯤 됩니다.

3 19회   **4** 수요일

5 토요일

6 9회

⟨풀이⟩ 일요일의 윗몸일으키기 기록은 28회, 월요일의 윗몸일으키기 기록은 19회이므로 28−19=9(회) 더 늘었습니다.

7 (1) 꺾은선그래프 (2) 막대그래프

8 2009년과 2010년 사이

⟨풀이⟩ 꺾은선의 기울어진 정도가 가장 큰 곳이 변화가 가장 큰 때이므로 강수량의 변화가 가장 큰 때는 2009년과 2010년 사이입니다.

9 22mm

⟨풀이⟩ 강수량이 가장 많았던 때는 2011년의 198mm이고, 강수량이 가장 적었던 때는 2007년의 176mm이므로 198−176=22(mm) 차이가 납니다.

10 2010년   **11** 2008년

12 ⑩ 전년도에 비해 몸무게가 3kg 늘었습니다.

⟨풀이⟩ 성수의 몸무게가 전년도에 비해 줄어든 해는 2009년입니다.

337a~338b

1 5, 6, 7, 8, 9, 10, 11

2 6, 9, 12, 15, 18

3 9, 10, 11, 12
/ [예] ○는 ● 보다 5 큽니다.

4 (왼쪽에서부터) 4, 24, 28, 9
/ [예] ○는 ●를 4로 나눈 몫입니다.

5 (도막의 수)=(자른 횟수)+1
또는 (자른 횟수)=(도막의 수)−1
[풀이] 1+1=2, 2+1=3, 3+1=4,
4+1=5, 5+1=6, 6+1=7
➡ 도막의 수는 자른 횟수보다 1 큽니다.

6 17, 18, 20, 21
/ ◆=■−7 또는 ■=◆+7
[풀이] 15−7=8, 16−7=9,
19−7=12
➡ ◆는 ■보다 7 작습니다.

7 (왼쪽에서부터) 3, 18, 7, 8
/ ◆=■×3 또는 ■=◆÷3
[풀이] 2×3=6, 4×3=12, 5×3=15
➡ ◆는 ■의 3배입니다.

8 ●=◎×5 또는 ◎=●÷5

[풀이]

●	5	10	15	……
◎	1	2	3	……

➡ 감의 수는 봉지의 수의 5배입니다.

9 (1) 2, 7, 27, 72 (2) 4개

10 (1) 3가지, 3가지, 1가지 (2) 7가지
[풀이] (1) 깃발을 1개씩 들어 올려서 보내
는 방법: (노란색), (파란색), (주황색)
깃발을 2개씩 들어 올려서 보내는 방법
(노란색, 파란색), (노란색, 주황색),
(파란색, 주황색)
깃발을 3개씩 들어 올려서 보내는 방법
(노란색, 파란색, 주황색)
(2) 3+3+1=7(가지)

11 (1) 9개, 4개, 1개 (2) 14개

12 (1) 수, 사, 부, 바 (2) 숩, 삽, 붓, 밧
(3) 8개

339a~340b

1 8, 9, 10, 12, 13, 14

2 [예] ☆는 ★의 2배입니다.

3 (왼쪽에서부터) 10, 12, 7, 14
/ [예] ◆는 ◇보다 6이 작습니다.

4 (왼쪽에서부터) 7, 8, 45, 55
/ [예] ◆는 ◇의 5배입니다.

5 (왼쪽에서부터) 2, 28, 5, 49
/ ○=□÷7 또는 □=○×7
[풀이] 7÷7=1, 21÷7=3, 42÷7=6
➡ ○는 □를 7로 나눈 몫입니다.

6 (왼쪽에서부터) 7, 23, 3, 1
/ ○=□+18 또는 □=○−18
[풀이] 6+18=24, 4+18=22,
2+18=20
➡ ○는 □보다 18 큽니다.

7 34
[풀이] 5+9=14, 6+9=15,
7+9=16, 8+9=17,
9+9=18, 10+9=19,
11+9=20
➡ △=▲+9
➡ △=25+9, △=34

8 ●=◎÷6 또는 ◎=●×6

[풀이]

●	1	2	3	……
◎	6	12	18	……

➡ 꽃의 수는 꽃병의 수의 6배입니다.

9 15개
[풀이] 숫자 카드를 1개 사용하여 만들 수
있는 수: 1, 7, 8
숫자 카드를 2개 사용하여 만들 수 있는
수: 17, 18, 71, 78, 81, 87
숫자 카드를 3개 사용하여 만들 수 있는
수: 178, 187, 718, 781, 817, 871
➡ 3+6+6=15(개)

10 7가지
[풀이] 동전을 1개 넣을 때:
(500원), (100원), (50원)
동전을 2개 넣을 때:

(500원, 100원), (500원, 50원),
(100원, 50원)
동전을 3개 넣을 때:
(500원, 100원, 50원)
➡ 3＋3＋1＝7(가지)

11 13개

풀이 정삼각형 2개로 이루어진 평행사변형: 8개
정삼각형 4개로 이루어진 평행사변형: 4개
정삼각형 8개로 이루어진 평행사변형: 1개
➡ 8＋4＋1＝13(개)

12 16개

풀이 정사각형 1개로 이루어진 직사각형: 1개
정사각형 2개로 이루어진 직사각형: 2개
정사각형 3개로 이루어진 직사각형: 3개
정사각형 4개로 이루어진 직사각형: 4개
정사각형 5개로 이루어진 직사각형: 3개
정사각형 6개로 이루어진 직사각형: 2개
정사각형 7개로 이루어진 직사각형: 1개
➡ 1＋2＋3＋4＋3＋2＋1＝16(개)

13 8개

풀이 받침이 없는 글자: 거, 그, 어, 으
받침이 있는 글자: 경, 긍, 억, 윽
➡ 4＋4＝8(개)

14 18cm

풀이 도형의 둘레가 3cm씩 커지는 규칙입니다. 따라서 네 번째 그림의 도형은 3cm인 변이 6개인 도형이므로 도형의 둘레는 3×6＝18(cm)입니다.

341a~342b

1 오전 9시, 오전 10시, 오전 11시,
오후 1시

2 (왼쪽에서부터) 10, 7, 9, 20
/ **예** △는 ▲의 2배입니다.

풀이 4×2＝8, 6×2＝12,
8×2＝16
➡ △는 ▲의 2배입니다.

3 (왼쪽에서부터) 6, 16, 2, 1
/ **예** ▲는 △와 △를 곱한 수입니다.

풀이 7×7＝49, 5×5＝25, 3×3＝9
➡ ▲는 △와 △를 곱한 수입니다.

4 **예** 개미 다리의 수는 개미의 수의 6배입니다.

5 (왼쪽에서부터) 10, 12, 7, 8
/ ■＝◉×2 또는 ◉＝■÷2

풀이 2×2＝4, 3×2＝6, 4×2＝8
➡ ■는 ◉의 2배입니다.

6 (왼쪽에서부터) 8, 15, 12, 18
/ ■＝◉－5 또는 ◉＝■＋5

풀이 12－5＝7, 14－5＝9, 16－5＝11
➡ ■는 ◉보다 5 작습니다.

7 **예** ▲＝◆×2＋2

풀이

◆	1	2	3	……
▲	4	6	8	……

누름 못의 수는 도화지의 수의 2배보다 2 큽니다.

8 28개

풀이 ▲＝◆×2＋2, ▲＝13×2＋2,
▲＝28(개)

9 7가지

풀이 깃발을 1개씩 들어 올려서 보내는 방법:
(초록색), (보라색), (빨간색)
깃발을 2개씩 들어 올려서 보내는 방법
(초록색, 보라색), (초록색, 빨간색),
(보라색, 빨간색)
깃발을 3개씩 들어 올려서 보내는 방법
(초록색, 보라색, 빨간색)
➡ 3＋3＋1＝7(가지)

10 4가지

풀이 꽃병에 꽃을 1송이씩 꽂는 방법:
(장미, 노란색 / 해바라기, 파란색),
(장미, 파란색 / 해바라기, 노란색)
꽃병에 꽃을 2송이를 꽂는 방법:
(장미, 해바라기, 노란색),
(장미, 해바라기, 파란색)
➡ 2＋2＝4(가지)

11 18개

풀이 직사각형 1개로 이루어진 직사각형
: 6개
직사각형 2개로 이루어진 직사각형: 7개
직사각형 3개로 이루어진 직사각형: 2개
직사각형 4개로 이루어진 직사각형: 2개
직사각형 6개로 이루어진 직사각형: 1개
➡ 6＋7＋2＋2＋1＝18(개)

12 8개

풀이 정사각형 1개로 이루어진 정사각형
: 1개
정사각형 4개로 이루어진 정사각형: 4개
정사각형 9개로 이루어진 정사각형: 3개
➡ 1＋4＋3＝8(개)

13 8개

풀이 받침이 없는 글자: 어, 우, 버, 부
받침이 있는 글자: 업, 웁, 벙, 붕
➡ 4＋4＝8(개)

14 729개

풀이 각 변을 3등분할 때마다 가장 작은
정사각형이 9배씩 늘어나는 규칙입니다.
따라서 네 번째 그림에서 만들어지는 가장
작은 정사각형은 81×9＝729(개)입니다.

---

a

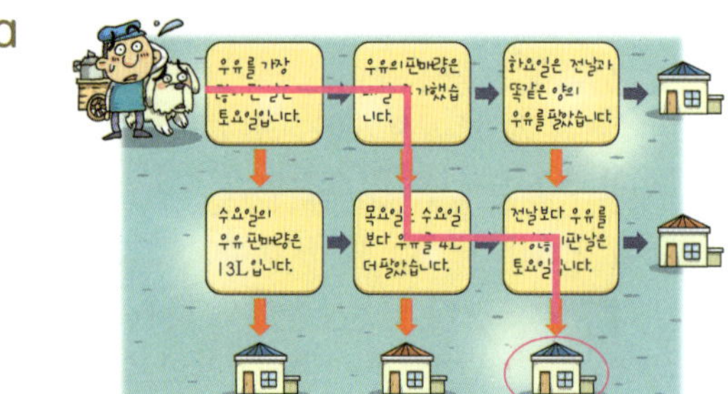

b 16도막

풀이 도막의 수는 자른 횟수의 2배입니다.
따라서 8번 자르면 8×2＝16(도막)이 됩니다.

---

1 ③

2 라면 생산량이 가장 많은 날인 2일이 가장
적은 날인 5일보다 24만－12만＝12만
(개) 더 생산하였습니다.
[답] 12만 개

평가 기준	
상	가장 많은 날과 가장 적은 날을 찾아 답을 바르게 구한 경우
중	가장 많은 날과 가장 적은 날은 찾았으나 답을 구하지 못한 경우
하	풀이 과정과 답을 구하지 못한 경우

3 나 회사, 400대

4 5월

5 예 가 회사의 TV 판매량은 100대 감소하
였습니다.

풀이 나 회사의 TV 판매량이 전달보다
가장 많이 증가했을 때는 4월입니다.

6 (왼쪽에서부터) 75, 15, 30, 15 / 51

풀이 35×3＝105, 30×3＝90,
20×3＝60
➡ ■＝●×3
➡ ■＝17×3, ■＝51

7 예 ▲＝△×△

풀이

△	1	2	3	……
▲	1	4	9	……

➡ ▲는 △와 △의 곱입니다.

8 121

풀이 ▲＝△×△, ▲＝11×11＝121

9 정삼각형 1개로 이루어진 정삼각형: 12개
정삼각형 4개로 이루어진 정삼각형: 6개
정삼각형 9개로 이루어진 정삼각형: 2개
➡ 12＋6＋2＝20(개)
[답] 20개

평가 기준	
상	각 개수로 이루어진 정삼각형의 개수를 구하고 답을 바르게 구한 경우
중	각 개수로 이루어진 정삼각형의 개수는 구하였으나 답을 구하지 못한 경우
하	풀이 과정과 답을 구하지 못한 경우

10 24cm

풀이 도형의 둘레가 4cm씩 커지는 규칙입니다.
(네 번째 도형의 둘레)$=12+4=16$(cm)
(다섯 번째 도형의 둘레)$=16+4=20$(cm)
(여섯 번째 도형의 둘레)$=20+4=24$(cm)

346a~346b

1 $\dfrac{5}{6}$, $1\dfrac{2}{6}$

2 (1) $1\dfrac{2}{5}$ (2) $4\dfrac{3}{9}$ (3) $3\dfrac{2}{7}$ (4) $1\dfrac{5}{11}$

풀이 (1) $\dfrac{3}{5}+\dfrac{4}{5}=\dfrac{7}{5}=1\dfrac{2}{5}$

(2) $2\dfrac{5}{9}+1\dfrac{7}{9}=3\dfrac{12}{9}=4\dfrac{3}{9}$

(3) $3\dfrac{6}{7}-\dfrac{4}{7}=3\dfrac{2}{7}$

(4) $5\dfrac{2}{11}-3\dfrac{8}{11}=4\dfrac{13}{11}-3\dfrac{8}{11}=1\dfrac{5}{11}$

3 (위에서부터) $6\dfrac{8}{10}$, 2, $3\dfrac{2}{10}$, $1\dfrac{6}{10}$

풀이 $4\dfrac{3}{10}+2\dfrac{5}{10}=6\dfrac{8}{10}$

$1\dfrac{1}{10}+\dfrac{9}{10}=1\dfrac{10}{10}=2$

$4\dfrac{3}{10}-1\dfrac{1}{10}=3\dfrac{2}{10}$

$2\dfrac{5}{10}-\dfrac{9}{10}=1\dfrac{15}{10}-\dfrac{9}{10}=1\dfrac{6}{10}$

4 $1\dfrac{4}{8}$

풀이 $\dfrac{7}{8}+\square=2\dfrac{3}{8}$

$\square=2\dfrac{3}{8}-\dfrac{7}{8}=1\dfrac{11}{8}-\dfrac{7}{8}=1\dfrac{4}{8}$

5 $1\dfrac{7}{12}$, $5\dfrac{2}{12}$

풀이 $3-1\dfrac{5}{12}=2\dfrac{12}{12}-1\dfrac{5}{12}=1\dfrac{7}{12}$

$1\dfrac{7}{12}+3\dfrac{7}{12}=4\dfrac{14}{12}=5\dfrac{2}{12}$

6 $1\dfrac{3}{6}$시간

풀이 $\dfrac{4}{6}+\dfrac{5}{6}=\dfrac{9}{6}=1\dfrac{3}{6}$(시간)

7 $5\dfrac{2}{4}$L

풀이 $10-2\dfrac{1}{4}-2\dfrac{1}{4}=9\dfrac{4}{4}-2\dfrac{1}{4}-2\dfrac{1}{4}$

$=7\dfrac{3}{4}-2\dfrac{1}{4}$

$=5\dfrac{2}{4}$(L)

347a~347b

1 0.6

2 12, 35, 47, 0.47

3 (1) 1.15 (2) 5.12 (3) 0.84 (4) 2.42

4 7.3, 6.079

5 $>$

풀이 $3.107+1.64=4.747$
$8.37-3.778=4.592$
➡ $4.747>4.592$

6 1.03L

풀이 (처음에 있던 음료수)$=0.68+0.35$
$=1.03$(L)

7 3.62

풀이 (어떤 수)$+1.54=6.7$
(어떤 수)$=6.7-1.54=5.16$
바르게 계산하면 $5.16-1.54=3.62$

348a~349b

1 ( ) ( ) (△) (○)

2 직선 가와 직선 라

3 직선 다와 직선 마

4 선분 ㄱㄹ

5 6쌍

6 130°

> **풀이** (각 ㄱㄷㅁ)=90°−50°=40°
> (각 ㄴㄷㅁ)=(각 ㄱㄷㄴ)+(각 ㄱㄷㅁ)
> =90°+40°=130°

7 ( ) (○) ( )

8

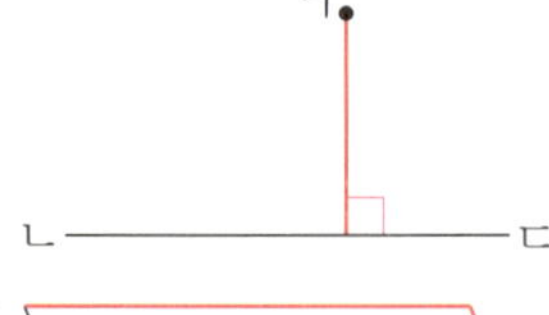

9

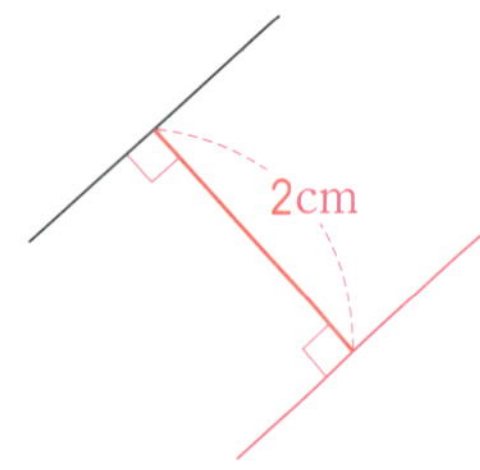

10 ㉡

11 예

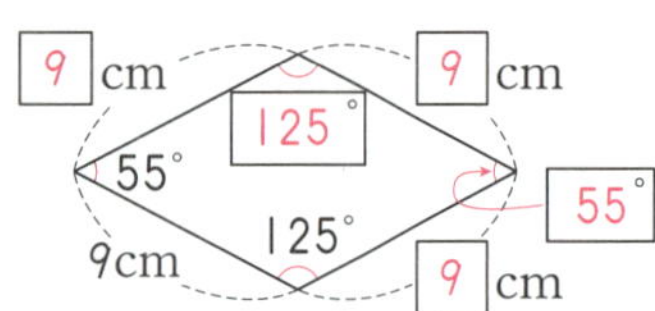

12 13cm

> **풀이** 직선 가와 직선 나 사이의 거리는 8cm이고, 직선 나와 직선 다 사이의 거리는 5cm이므로 직선 가와 직선 다 사이의 거리는 8+5=13(cm)입니다.

350a~351b

1 가, 다, 라

2 ③

3

4 75°

> **풀이** 평행사변형은 마주 보는 각의 크기가 같으므로
> (각 ㄹㄱㄴ)=(각 ㄴㄷㄹ)=105°
> ㉠=180°−105°=75°

5 ㉠, ㉡, ㉢, ㉣

6 ②

> **풀이** 직사각형은 네 각의 크기가 같은 사각형이고, 마름모는 네 변의 길이가 같은 사각형입니다.

7 ④

> **풀이** 선분으로만 둘러싸인 도형을 다각형이라고 합니다.

8 정육각형

9

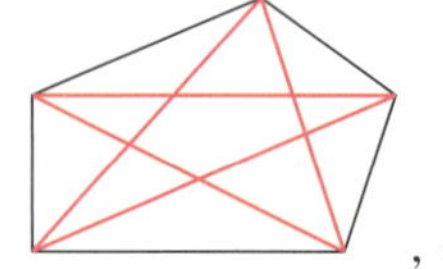

, 5개

10 ⑤

> **풀이**

11

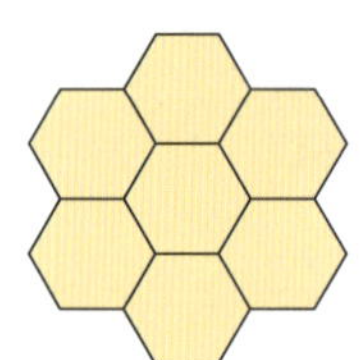

12 8개

> **풀이**

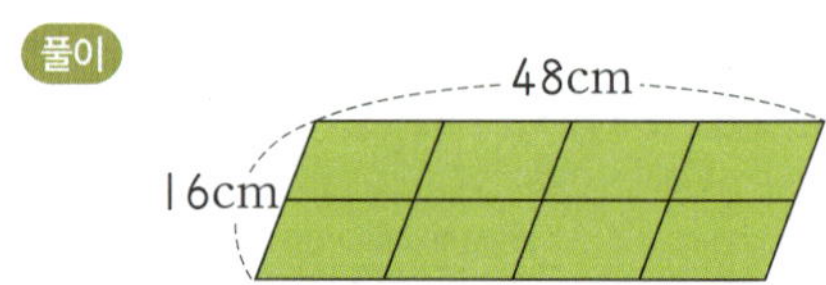

352a~353b

1 (1) 60cm (2) 52cm

> **풀이** (1) (19+11)×2=60(cm)
> (2) 13×4=52(cm)

2 15

3 19cm

> **풀이** 정사각형의 한 변을 □cm라고 하면
> □×4=76, □=76÷4=19(cm)

4 36cm

> **풀이** 도형은 3cm인 변이 12개 있으므로
> (도형의 둘레)=3×12=36(cm)

5 라

6 9배

7 7, 7, 49

8 (1) 108cm² (2) 85cm²

9 308cm²

> 풀이 (도화지의 넓이)
> $= 22 \times 14 = 308(\text{cm}^2)$

10 121cm²

> 풀이 (정사각형의 한 변의 길이)
> $= 44 \div 4 = 11(\text{cm})$
> (정사각형의 넓이) $= 11 \times 11 = 121(\text{cm}^2)$

11 (1) 175cm² (2) 255cm²

> 풀이 (1)

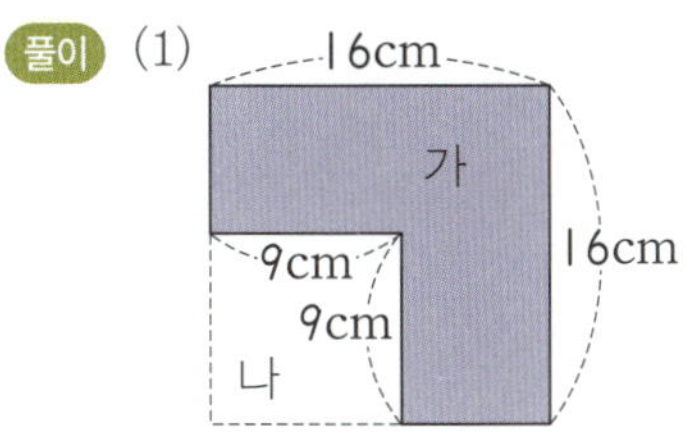

> (가＋나의 넓이) $= 16 \times 16 = 256(\text{cm}^2)$
> (나의 넓이) $= 9 \times 9 = 81(\text{cm}^2)$
> (도형의 넓이) $= 256 - 81 = 175(\text{cm}^2)$
>
> (2)

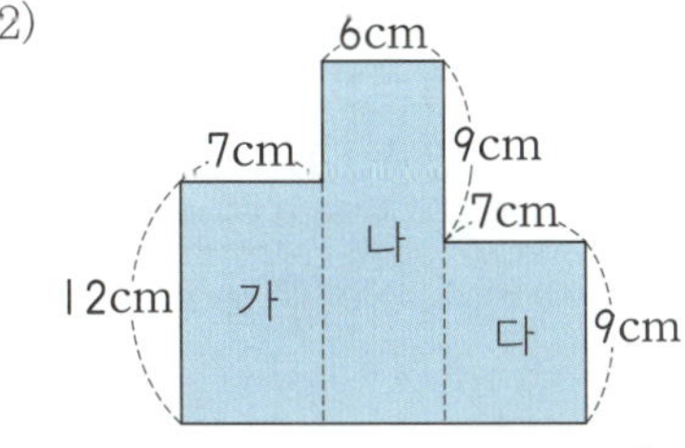

> (가의 넓이) $= 7 \times 12 = 84(\text{cm}^2)$
> (나의 넓이) $= 6 \times 18 = 108(\text{cm}^2)$
> (다의 넓이) $= 7 \times 9 = 63(\text{cm}^2)$
> (도형의 넓이) $= 84 + 108 + 63$
> $\qquad\qquad\quad = 255(\text{cm}^2)$

12 117cm²

> 풀이

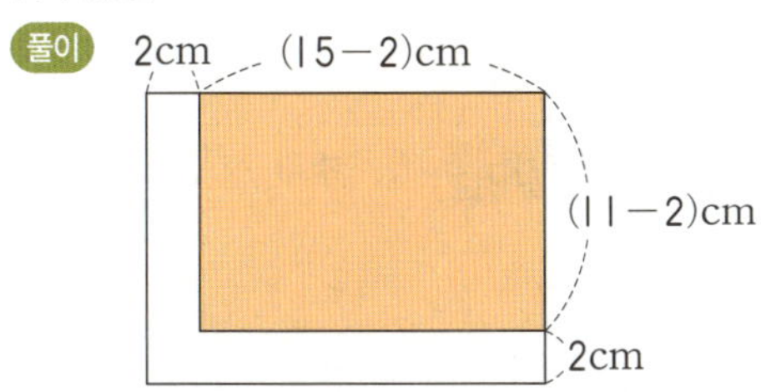

> (색칠한 부분의 넓이)
> $= (15 - 2) \times (11 - 2) = 13 \times 9 = 117(\text{cm}^2)$

---

1 민수, 지희, 현진, 태원

2 승철, 지희, 성연, 태원

3 20, 26, 21에 ○표

4 16

> 풀이 가장 큰 자연수: 46
> 가장 작은 자연수: 30
> ➡ $46 - 30 = 16$

5 서연

6 ②

> 풀이 ① 6, 7, 8, 9, 10, 11로 6개
> ② 6, 7, 8, 9, 10, 11, 12로 7개
> ③ 7, 8, 9, 10, 11로 5개
> ④ 7, 8, 9, 10, 11, 12로 6개
> ⑤ 1, 2, 3, 4, 5, 6으로 6개

7 20 초과 25 이하

8

> 44 45 46 47 48 49 50 51 52 53

9 (1) 3000 (2) 20000

10 2201, 2300, 2290에 ○표

11 ③

> 풀이 ③ 1809 ➡ 1800

12 10개

> 풀이 반올림하여 십의 자리까지 나타낸 수가 50이 되는 자연수는 45, 46, 47, 48, 49, 50, 51, 52, 53, 54이므로 10개입니다.

13 100000, 90000, 90000

14 ④

> 풀이 ④ 4498 ➡ 4000

15 43상자

> 풀이 배 438개를 한 상자에 10개씩 넣어서 판매하므로 438을 버림하여 십의 자리까지 나타내면 430이 됩니다. 따라서 배를 43상자까지 판매할 수 있습니다.

16 11대

> 풀이 $426 \div 42 = 10 \cdots 6$에서 나머지 6명도 버스에 타야 하므로 올림을 이용합니다. 따라서 버스는 적어도 11대 필요합니다.

※해답은 따로 보관하고 있다가 채점할 때 사용해 주세요.

356a~356b

1 4, 5, 8, 12, 14, 17

2 7일

> **풀이** 꺾은선의 기울어진 정도가 가장 큰 곳이 변화가 가장 큰 때이므로 전날에 비해 가장 많이 자랐을 때는 7일입니다.

3 **예** 10일에는 9일의 키 17cm보다 더 자랄 것으로 예상합니다.

4 월, 키

5 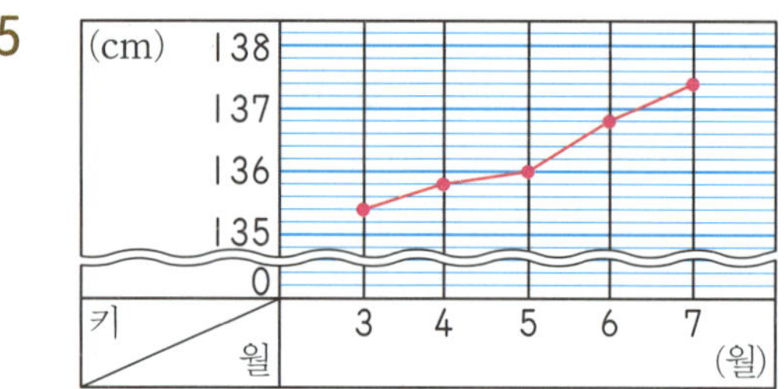

6 136.4cm

> **풀이** 5월 15일의 키는 5월의 키 136.0cm와 6월의 키 136.8cm의 중간 값으로 예상되므로 136.4cm쯤 됩니다.

357a~357b

1 5, 6, 7, 8 / **예** 형의 나이는 동생의 나이보다 3살이 더 많습니다.

2 24, 30, 36, 42
/ ⦿＝○÷6 또는 ○＝⦿×6

3 (왼쪽에서부터) 10, 7, 12, 10
/ ⦿＝○＋4 또는 ○＝⦿－4

4 □＝△÷100 또는 △＝□×100

> **풀이**
>
> | □ | 1 | 2 | 3 | …… |
> |---|---|---|---|---|
> | △ | 100 | 200 | 300 | …… |
>
> ➡ 도화지의 값은 도화지의 수의 100배입니다.

5 15개

> **풀이** 숫자 카드를 1개 사용하여 만들 수 있는 수: 1, 3, 5
>
> 숫자 카드를 2개 사용하여 만들 수 있는 수: 13, 15, 31, 35, 51, 53
>
> 숫자 카드를 3개 사용하여 만들 수 있는 수: 135, 153, 315, 351, 513, 531
>
> ➡ 3＋6＋6＝15(개)

6 26개

> **풀이** 정사각형 1개로 이루어진 정사각형: 16개
>
> 정사각형 4개로 이루어진 정사각형: 8개
>
> 정사각형 9개로 이루어진 직사각형: 2개
>
> ➡ 16＋8＋2＝26(개)

7 8개

> **풀이** 받침이 없는 글자: 가, 그, 아, 으
>
> 받침이 있는 글자: 강, 궁, 악, 윽
>
> ➡ 4＋4＝8(개)

358a~358b 창의력 학습

a 4마리

> **풀이** 1.8＋1.8＝3.6(kg)
>
> 1.8＋1.8＋1.8＝5.4(kg)
>
> 1.8＋1.8＋1.8＋1.8＝7.2(kg)
>
> 따라서 시소가 오른쪽으로 기울어지기 위해서는 생쥐가 적어도 4마리 앉아야 합니다.

b 6500

> **풀이** 터널을 지나면 기차에 적힌 수가 십의 자리에서 반올림하여 나타내어 집니다.
>
> 6491 ➡ 6500

359a~360b 경시대회 예상문제

1 $7\dfrac{8}{9}$ cm

> **풀이** (나머지 한 변의 길이)
>
> $=18\dfrac{5}{9}-4\dfrac{2}{9}-6\dfrac{4}{9}=7\dfrac{8}{9}$(cm)

2 (㉠~㉢)=(㉠~㉢)+(㉡~㉢)−(㉡~㉢)
    $=7.72+4.37-1.95=10.14(m)$
[답] 10.14m

평가 기준	
상	㉠과 ㉢ 사이의 거리를 구하는 식과 답을 바르게 구한 경우
중	㉠과 ㉢ 사이의 거리를 구하는 식은 구하였으나 답을 구하지 못한 경우
하	풀이 과정과 답을 구하지 못한 경우

3 25°

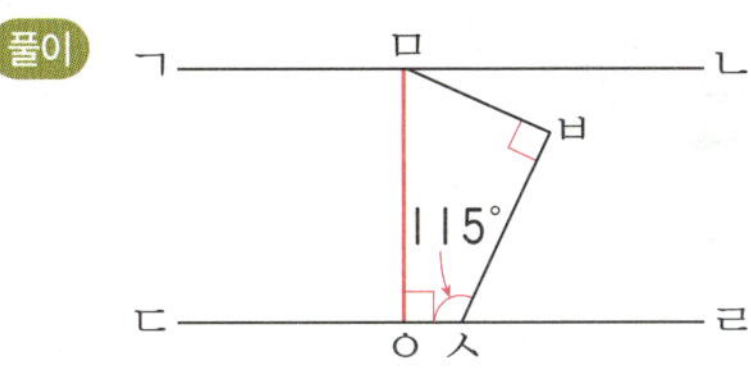

점 ㅁ에서 직선 ㄷㄹ에 수선을 그어서 직선 ㄷㄹ과 만나는 점을 점 ㅇ이라고 하면
(각 ㅂㅁㅇ)$=360°-90°-115°-90°$
        $=65°$
(각 ㄴㅁㅂ)$=90°-65°=25°$

4 (각 ㄹㄱㄷ)=(각 ㄹㄷㄱ)=70°
(각 ㄱㄹㄷ)$=180°-70°-70°=40°$
마름모는 마주 보는 각의 크기가 같으므로
(각 ㄱㄴㄷ)=(각 ㄱㄹㄷ)=40°
[답] 40°

평가 기준	
상	각 ㄹㄱㄷ과 각 ㄱㄹㄷ의 크기를 구하고 답을 바르게 구한 경우
중	각 ㄹㄱㄷ과 각 ㄱㄹㄷ의 크기를 구하였으나 답을 구하지 못한 경우
하	풀이 과정과 답을 구하지 못한 경우

5 44cm

풀이 평행사변형 ㅁㅂㄷㄹ에서
(변 ㅂㄷ)=(변 ㅁㄹ)=10cm,
(변 ㄹㄷ)=(변 ㅁㅂ)=12cm,
평행사변형 ㅁㅂㄷㄹ의 네 변의 길이의 합은 $10+12+10+12=44(cm)$입니다.

6 225cm²

풀이 가장 작은 정사각형의 한 변을 □cm라고 하면
□$+($□$+6)+($□$+6+4)=31,$
□$+$□$+$□$=15,$ □$=5(cm)$

따라서 가장 큰 정사각형의 한 변은 15cm이므로 정사각형의 넓이는
$15×15=225(cm^2)$입니다.

7 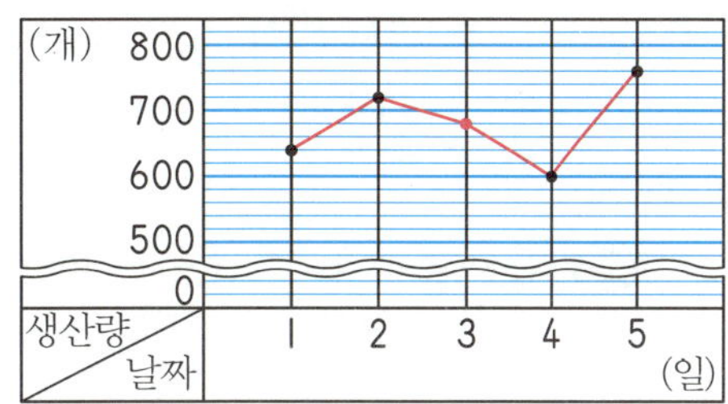

풀이 일의 자리에서 반올림하여 100이 되는 수는 95, 96, … 103, 104입니다.

8 680개

풀이 (3일째에 생산한 통조림의 수)
$=3400-640-720-600-760$
$=680$(개)

9 14층

풀이 성냥개비의 수를 ●, 탑의 층을 ◆라고 할 때, 성냥개비의 수와 탑의 층을 식으로 나타내면 ●=◆×3이므로 성냥개비 42개로 만들 수 있는 탑은
$42=◆×3, ◆=42÷3=14(층)$입니다.

H6 종료 테스트

1 <

풀이 $2\frac{4}{7}+3\frac{6}{7}=6\frac{3}{7}$ ⊙ $9\frac{1}{7}-2\frac{3}{7}=6\frac{5}{7}$

2 $2\frac{4}{9}$ kg

풀이 $39\frac{2}{9}-36\frac{7}{9}=38\frac{11}{9}-36\frac{7}{9}$
        $=2\frac{4}{9}(kg)$

3 6.174

풀이 가장 큰 소수 세 자리 수: 7.531
가장 작은 소수 세 자리 수: 1.357
➡ $7.531-1.357=6.174$

4 직선 가와 직선 마, 직선 다와 직선 라

5 3개

> **풀이** 변 ㄱㅇ과 평행한 변은 변 ㄷㄴ, 변 ㄹㅁ, 변 ㅅㅂ입니다.

6 10cm

> **풀이** 직선 가와 직선 다 사이의 거리는 18cm, 직선 가와 직선 나 사이의 거리는 8cm이므로 직선 나와 직선 다 사이의 거리는 18−8=10(cm)입니다.

7 5개

> **풀이** 점선을 따라 잘랐을 때, 만들어지는 도형이 사다리꼴인 것은 가, 나, 라, 마, 사입니다.

8 ②, ③, ④

9 정십이각형

10 21cm

> **풀이** 가로를 □cm라고 하면
> (□+17)×2=76
> □=76÷2−17=21(cm)

11 68cm²

> **풀이** (색칠한 부분의 넓이)
> =10×10−4×8=100−32
> =68(cm²)

12

| 16 | 17 | 18 | 19 | 20 | 21 | 22 | 23 | 24 | 25 |

13 (위에서부터) 70000, 60000, 60000, 310000, 300000, 310000

> **풀이** 63981 ➡ 70000 올림
> 63981 ➡ 60000 버림
> 63981 ➡ 60000 버림
> 305472 ➡ 310000 올림
> 305472 ➡ 300000 버림
> 305472 ➡ 310000 올림

14

15 **예** 점점 감소하였습니다.

> **풀이** 꺾은선이 아래쪽으로 기울어져 있으므로 점점 감소하였습니다.

16 2009년과 2010년 사이

> **풀이** 꺾은선의 기울어진 정도가 가장 큰 곳이 변화가 가장 큰 때이므로 변화가 가장 큰 때는 2009년과 2010년 사이입니다.

17 **예** 2011년의 가축을 기르는 가구 수 520 가구보다 감소할 것으로 예상합니다.

18 (왼쪽에서부터) 25, 15, 125, 35
/ ◈=◇÷5 또는 ◇=◈×5

> **풀이** 50÷5=10, 100÷5=20, 150÷5=30
> ◈는 ◇를 5로 나눈 몫입니다.

19 13개

> **풀이** 삼각형 2개로 이루어진 평행사변형: 8개
> 삼각형 4개로 이루어진 평행사변형: 4개
> 삼각형 8개로 이루어진 평행사변형: 1개
> ➡ 8+4+1=13(개)

20 15가지

> **풀이** 불을 1개 켜서 보내는 방법:
> (노란색), (파란색), (초록색), (빨간색)
> 불을 2개 켜서 보내는 방법:
> (노란색, 파란색), (노란색, 초록색),
> (노란색, 빨간색), (파란색, 초록색),
> (파란색, 빨간색), (초록색, 빨간색)
> 불을 3개 켜서 보내는 방법:
> (노란색, 파란색, 초록색),
> (노란색, 파란색, 빨간색),
> (노란색, 초록색, 빨간색),
> (파란색, 초록색, 빨간색)
> 불을 4개 켜서 보내는 방법:
> (노란색, 파란색, 초록색, 빨간색)
> ➡ 4+6+4+1=15(가지)